有机氯农药的土壤残留研究

张 娜 著

北京理工大学出版社
BEIJING INSTITUTE OF TECHNOLOGY PRESS

图书在版编目（CIP）数据

有机氯农药的土壤残留研究/张娜著. —北京：北京理工大学出版社，2016.11
ISBN 978-7-5682-3354-5

Ⅰ. ①有…　Ⅱ. ①张…　Ⅲ. ①有机氯残留–农药残留量分析
Ⅳ. ①X592.02

中国版本图书馆 CIP 数据核字（2016）第 271452 号

出版发行 / 北京理工大学出版社有限责任公司
社　　址 / 北京市海淀区中关村南大街 5 号
邮　　编 / 100081
电　　话 /（010）68914775（总编室）
（010）82562903（教材售后服务热线）
（010）68948351（其他图书服务热线）
网　　址 / http://www.bitpress.com.cn
经　　销 / 全国各地新华书店
印　　刷 / 保定市中画美凯印刷有限公司
开　　本 / 710 毫米×1000 毫米　1/16
印　　张 / 7.75
字　　数 / 143 千字
版　　次 / 2016 年 11 月第 1 版　2016 年 11 月第 1 次印刷
定　　价 / 38.00 元

责任编辑 / 王玲玲
文案编辑 / 王玲玲
责任校对 / 周瑞红
责任印制 / 王美丽

前　言

滴滴涕和六六六曾经是20世纪40—60年代世界上使用最广泛的有机氯杀虫剂。虽然它们在中国已经禁用了二十多年，但是大量研究表明它们在土壤中的检出率仍然接近100%，并且在某些地区仍然有相对较高的土壤残留。关于滴滴涕和六六六在中国是否仍有施用存在较大争议，而大量相关研究判断有机氯农药土壤残留来源新旧时所普遍采用的比值法（农药代谢产物与母体之间的比值或不同异构体之间的比值）很可能存在一定问题，究其原因，是由于目前对有机氯农药在土壤中残留的影响机制认识不足。因此，本书拟通过区域和微宇宙模拟实验相结合，并结合气土逸度来计算有机氯农药在土壤和大气中的分配、土壤有机质对其滞留的影响，以及影响有机氯农药在土壤中归趋及残留比的主导因素。

本书的内容主要由两大部分构成，包括区域研究和微宇宙模拟实验研究。区域研究中，利用海河平原区域302个表层土壤样品滴滴涕和六六六残留浓度测定结果，研究了该区域表层土壤中有机氯农药的残留浓度水平、残留浓度地理空间分布及其主要影响因素，并且通过比值和气土逸度计算分析了有机氯农药残留来源以及气土交换。在根据研究目的设计的两套并行的微宇宙模拟实验体系（老化土壤体系和暴露土壤体系）中，研究了土壤有机质对滴滴涕和六六六在土壤中残留的影响机制及其对比值和气土交换的影响。

本书共分8个章节，分别是：第1章绪论；第2章有机氯农药土壤残留研究进展；第3章有机氯农药土壤残留研究方法；第4章海河平原表土中滴滴涕和六六六农药残留特征；第5章土壤有机质对滴滴涕和六六六农药的锁定作用；第6章滴滴涕和六六六农药土壤残留来源识别；第7章滴滴涕和六六六农药的土气交换；第8章结论。

本书中阐述的主要内容都是作者2005年9月至2010年7月在北京大学城市与环境学院攻读理学博士学位期间的研究成果。在此，特别感谢我的博士导师、中国科学院院士陶澍先生，恩师在学生进行博士学位论文课题研究的整个过程都给予了学生莫大的支持和鼓励，恩师的谆谆教诲更让学生终生难忘并且受益匪浅。先生对科学研究敏锐的洞察力、严谨求实的科研作风、踏实勤奋的治学态度、渊博的学识、独特的见解以及机智幽默的谈吐，无不给学生留下深刻的印象，是学生一生学习的榜样。恩师在学术上的严格要求和生活上的关怀一直让学生心存感激，这也是学生在科学研究道路上不断鞭策自己前进的动力源泉，在此谨向恩师表达深深的敬意和由衷的感谢！此外，还要特别感谢曾经的同窗、目前在美国内华达大学雷诺分校任教的杨宇博士，他在我的整个研究设计、实验流程、数据分析和论文写作等各方面都给予过我大量切实可行的建议，对我的帮助非常之大，在此也对他表示最真诚的谢意！

著作者

目　　录

图 目 录

表 目 录

第1章 绪　论

1.1 研究意义

持久性有机污染物（POPs）是一类难降解、易于生物富集、可以长距离迁移并且对人和生物体具有毒性的有机污染物质（Jones 和 de Voogt，1999；McLachlan，1996；Wania 和 Mackay，1996）。POPs 可以通过各种途径在人体和生物体中积累并对其产生免疫毒性、内分泌毒性、致癌性、生殖发育影响以及其他一些毒性效应（Binelli 和 Provini，2004；Garcia–Reyero 等，2006；Helberg 等，2005；Ross，2004），因而是环境科学研究者所广泛关注的一类重要污染物。有机氯农药（OCPs）是 POPs 的典型代表，其中包括滴滴涕（DDTs）和六六六（HCHs）（Zheng 等，2009）。由于杀虫效果好、药效持久并且价格低廉，DDTs 和 HCHs 曾经是 20 世纪 40—60 年代世界上最广泛使用的有机氯杀虫剂。后来，由于人们逐步认识到它们在环境中的高残留特征及其对人体和生物体潜在的高毒害作用，从 20 世纪 70 年代初起，在美国、瑞士等西方国家被相继禁止生产和使用，我国政府也于 1983 年全面禁止了 DDTs 和 HCHs 的农业用途（Harner 等，1999；Li 等，2003a；Li 和 Macdonald，2005；Li 等，2003b）。

DDTs 和 HCHs 的历史施用总量随时间呈现先增加后减小的趋势，施用高峰期集中在 20 世纪 60—70 年代。1947—2000 年，全球的 DDTs 农业施用量达 2 600 kt，其中中国的总施用量为 260 kt，居于世界排名的前三位，仅次于美国和苏联。1948—1997 年间，全球的 HCHs 施用量达 10 Mt，其中中国施用量为 4 464 kt，居于世界排名的首位，几乎占全球总施用量的一半（Li 和 Macdonald，2005）。伴随着 DDTs 和 HCHs 的大规模使用，大量的 OCPs 污染物被输送到环境中，并在环境中长期累积残留，最终对人体和生态环境构成风险。

20 世纪 70 年代以后，DDTs 和 HCHs 在世界各国相继被禁止生产和使用，它们在环境中的残留水平也在逐步降低，较二十多年前浓度水平有了明显的下降（Bhatnagar 等，2006；Toan 等，2009），但是通过我们对几乎所有可被检索到的关于中国地区土壤中 OCPs（主要是 DDTs 和 HCHs）污染残留的研究文献中的数据发现，DDTs 在土壤中的检出率仍接近 100%，在某些地区的残留浓度仍然维持在较高水平，并且残留于土壤中的OCPs通过气土分配逐渐成为大气污染重要的二次排放源。目前，关于OCPs在中国是否仍有施用存在广泛争议，由于用于源判断的比值法（农药代谢产物与母体之间的比值或不同异构体之间的比值）中的不同化合物在土壤和大气中的环境行为有一定差异，因此目前较多用于源判别的简单比值法很可能存在很高的不确定性。

由于OCPs一般具有强疏水性和低挥发性，它们与土壤有机质之间有很强的亲和力，因此进入环境中的大部分OCPs都会被土壤有机质所吸附。土壤是POPs在自然环境中最重要的储库之一（Wild和Jones，1995），土壤有机质则是影响OCPs在土壤中残留的最重要的因素之一（Pignatello，1998）。已有的很多研究中发现，疏水性有机污染物（HOCs）土壤残留浓度与土壤有机碳（SOC）含量之间有较显著的正相关关系（Chen等，2005a；Gong等，2004；Meijer等，2003a；Nam等，2009；Nam等，2008；Ribes等，2002）。土壤有机质可通过各种不同的方式与包括OCPs在内的HOCs发生吸附作用，影响其生物有效性和环境行为（Luthy等，1997；Reid等，2000；Semple等，2003；Xing，2001a）。被土壤吸附的OCPs中有一部分可能会通过扩散进入纳米尺度的微孔当中、进入结构比较致密的有机质当中或与有机质表面的一些特殊的化学位点发生较强的结合作用，无法被生物破坏和进一步吸收利用，从而被锁定。锁定作用一方面会影响OCPs的生物降解，另一方面还会影响到其在土壤与空气之间的交换过程。

本研究拟通过区域和微宇宙模拟实验相结合，在比值基础上结合气土逸度来研究OCPs在中国环渤海东部地区是否仍有施用，探讨土壤有机质对OCPs土壤残留的影响机制，以及其对比值和气土交换的影响。

1.2 研究目的

本研究的主要目的为回答以下问题：

① 环渤海东部地区是否存在普遍的DDTs和HCHs新源输入；

② 土壤有机质对DDTs和HCHs在表层土壤中残留的影响机制；

③ 土壤有机质对OCPs化合物比值的影响；

④ 土壤有机质对OCPs化合物气土分配平衡的影响。

1.3 研究内容

本研究由区域研究和微宇宙模拟实验研究两大部分组成。区域研究以环渤海东部地区为研究对象，根据表土浓度测定结果，结合气土逸度分析探讨OCPs

的残留特征和源汇转换；微宇宙模拟实验研究采用自行设计的模拟装置，探讨土壤有机质对 OCPs 土壤残留的影响机制，以及其对比值和气土交换的影响。综合区域和室内微宇宙模拟实验研究结果，认识 OCPs 土壤残留的影响机制。

具体研究内容如下：

① 海河平原 DDTs 和 HCHs 残留特征：海河平原表层土壤中 OCPs 的残留浓度水平、残留浓度地理空间分布及其主要影响因素；通过比值和气土逸度分析了残留 OCPs 来源的新旧；通过气土逸度分析了残留 OCPs 的气土交换及有机质的影响。

② 土壤有机质对 DDTs 和 HCHs 的锁定作用：通过老化土壤和暴露土壤微宇宙实验体系中土壤 OCPs 浓度随时间的变化，研究了土壤有机质含量与锁定比例之间的关系，以及锁定作用对 DDTs 和 HCHs 在土壤中残留的影响。

③ 土壤有机质对比值的影响：利用微宇宙模拟装置，通过不同有机质含量老化土壤中 OCPs 化合物之间比值的变化，分析了有机质对比值变化的影响。

④ 土壤有机质对气土交换的影响：利用微宇宙模拟装置，通过不同有机质含量老化土壤和暴露土壤中气土逸度随时间的变化，分析了有机质对气土交换的影响。

第2章 研究进展

2.1 OCPs（DDTs和HCHs）简介

2.1.1 结构与性质

OCPs是指一类氯代的有机杀虫剂，它们是人类历史上最早出现的有机合成农药，其中最为典型的代表是DDTs和HCHs（刘维屏，2006）。它们都曾在世界范围内被大规模生产，并被广泛应用于农业和公共卫生领域（Li和Macdonald，2005）。目前，在地球生物圈的几乎所有的地方都能发现DDTs和HCHs的存在，即使是那些从来没有施用过农药的地区，以及人类尚未开发或很少涉足的偏远地区，如北极，都可以找到它们的踪迹；北极大气中，北极熊、海鸥体内，西藏南迎巴瓦峰（海拔2 600～4 000 m）土壤中，西藏库拉岗日峰（海拔2 150～5 400 m）地衣和苔藓中都检测到了DDTs和HCHs（Barrie等，1992；Bustnes等，2003；Dickhut等，2005；Inomata等，1996；Lie等，2003；MacDonald等，2000；Oehme，1991；Su等，2008；Zhang等，2007）。

DDTs（dichlorodiphenyltrichloroethane）学名二氯二苯基三氯乙烷（CAS No. 50–29–3），分子式为$C_{14}H_9Cl_5$，别名二二三，国内俗称作滴滴涕。在室温条件下，工业品DDTs为白色结晶状固体或淡黄色粉末。DDTs有两种同分异构体，它们分子结构中的Cl原子在苯环上的取代位置不同，分别是对位取代的*p,p*'–DDT和临、间位取代的*o,p*'–DDT，其中*p,p*'–DDT是工业品DDTs中主要的有效杀虫成分，而*o,p*'–DDT是在生产过程中产生的副产品。DDTs在好氧和厌氧环境中会分别代谢为一级代谢产物DDE和DDD（Aislabie等，1997）。DDTs及其主要代谢产物的分子结构式如图2.1所示，它们都是本研究中关注的重要OCPs化合物。

HCHs（Hexachlorocyclohexane）学名六氯环己烷（CAS No. 608–73–1），分子式为$C_6H_6Cl_6$，国内俗称作六六六。它的通用分子结构式如图2.2所示，由于其分子结构式中含碳、氢、氯原子各6个，可以看作是苯的六个氯原子加成产物，曾经被错误地叫作六氯化苯（BHC）。在室温条件下，工业品HCHs为白色或淡黄色无定形固体。由于取代氯原子空间位置的差异，HCHs共有8

种异构体，其中α–HCH，β–HCH，γ–HCH 和δ–HCH 是工业品 HCHs 的主要成分，α–HCH 还包括两种对映异构体（–）α–HCH 和（+）α–HCH。四种异构体中，只有γ–HCH 异构体（又称林丹）具有杀虫效力，其他异构体杀虫效力极低或无效，HCHs 生物活性取决于γ–HCH 异构体的含量（Willett 等，1998）。HCHs 主要的同分异构体的分子结构如图 2.3 所示（Willett 等，1998），它们也是本研究关注的 OCPs 化合物。

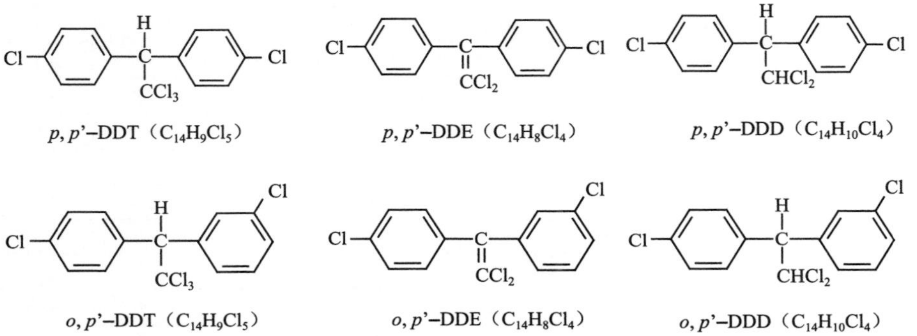

p, p'–DDT（$C_{14}H_9Cl_5$）
p, p'–DDE（$C_{14}H_8Cl_4$）
p, p'–DDD（$C_{14}H_{10}Cl_4$）
o, p'–DDT（$C_{14}H_9Cl_5$）
o, p'–DDE（$C_{14}H_8Cl_4$）
o, p'–DDD（$C_{14}H_{10}Cl_4$）

图 2.1　DDTs 及其主要代谢产物的分子结构式

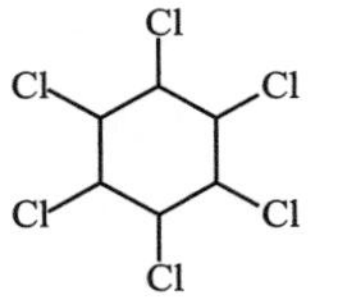

图 2.2　HCHs 的通用结构式（$C_6H_6Cl_6$）

(–) α–HCH
(+) α–HCH
β–HCH
γ–HCH
δ–HCH

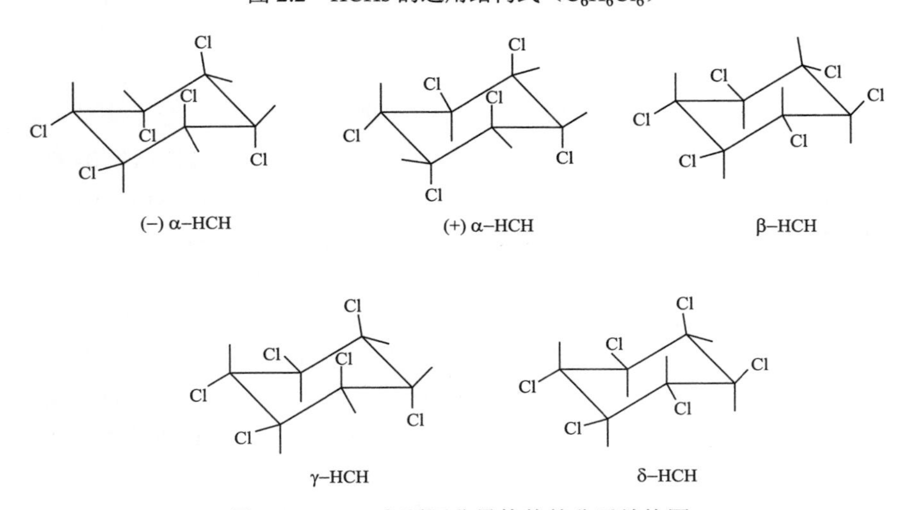

图 2.3　HCHs 主要同分异构体的分子结构图

DDTs 和 HCHs 一般条件下都较难溶于水，易溶于有机溶剂，在光、热、酸性条件下稳定，碱性物质中会发生氯化氢的消除反应。DDTs 和 HCHs 的各同分异构体及主要代谢产物的物理化学性质参数可参照表 2.1。

表 2.1 DDTs 和 HCHs 各异构体及其主要代谢产物的理化性质参数（Mackay 等，2000）

化合物名称	M_W	M_P	S	p_v	H	$\lg K_{ow}$	$\lg K_{oc}$
p,p'–DDT	354.48	109	0.025	2.53E–5	1.31	6.908	5.310
o,p'–DDT	354.48	109	0.085	2.53E–5	1.31	6.908	5.310
p,p'–DDE	318.1	88.5	0.12	8.67 E–4	7.95	5.959	4.820
o,p'–DDE	318.1	88.5	0.14	8.27 E–4	7.95	5.959	4.820
p,p'–DDD	320.1	112	0.10	1.33 E–4	2.18	6.204	4.210
o,p'–DDD	320.1	112	0.10	1.33 E–4	2.18	6.204	4.210
α–HCH	290.85	158	1.63	6 .0E–3	0.872	3.810	3.250
β–HCH	290.85	309	1.60	4 .0E–5	0.116	3.8	3.53
γ–HCH	290.85	112.5	7.3	1.25E–3	0.149	3.720	3.040
δ–HCH	290.85	138.5	8.0	2 .0E–3	0.082 5	4.140	3.580

注：M_W：相对分子质量；M_P：熔点（℃）；S：25 ℃水溶解度（mg/L）；p_v：25 ℃饱和蒸气压（Pa）；H：亨利常数（Pa・m^3/mol）；$\lg K_{ow}$：正辛醇–水分配系数的对数值；$\lg K_{oc}$：有机碳吸附分配系数的对数值。

受其结构和理化性质的影响，二者在环境中的行为具有如下特征：

（1）亲脂性：DDTs 和 HCHs 都具有较低蒸气压，挥发性较小，均是疏水性的脂溶性化合物，这种性质使 DDTs 和 HCHs 农药易于在生物体和人体的脂肪组织中积累（Kamarianos 等，1997；Kutz 等，1991；Nakata 等，2005；Tanabe 等，1993；Turusov 等，2002），并且较多地被吸附于土壤颗粒，尤其是在有机质含量丰富的土壤中（Senesi 和 Loffredo，2008）；

（2）持久性：DDTs 和 HCHs 及其代谢产物 DDE 和 DDD 分子中具有较为稳定的氯苯结构，在自然条件下不易被环境中的菌类和生物体内的酶系所降解，所以能够长期存在于大气、水体、土壤、沉积物以及动、植物体内（Jones 和 de Voogt，1999）。研究曾发现在温带地区如美国加州、瑞士、新西兰等地的土壤中，DDTs 的半衰期可长达数年到数十年之久（Boul 等，1994；Spencer 等，1996；Wong 等，2008），在热带地区如肯尼亚的土壤中为 65～250 天（Lalah 等，2001）。而 DDTs 的代谢产物 DDE/DDD 则具有更长的持久性，在美国南部耕作和非耕作土壤中，*p,p'*–DDE 的半衰期高达 11～80 年之久（Scholtz 和 Bidleman，2007）。DDTs 的半衰期在人体中为 5～10 年（Nakata 等，2005），在海洋哺乳动物体内约为 6.3 年（Fraser 等，2002）。

（3）长距离传输性：DDTs 和 HCHs 均具有半挥发性，这使它们能够以蒸气形式存在或者吸附在大气颗粒物上，在大气环境中进行长距离迁移。经过多次“挥发—沉降—再挥发”过程，使许多温热带地区使用和排放的 OCPs 在较偏远的极地地区积累下来，致使极地成为全球 OCPs 的“汇”，即通过所谓的全球蒸馏效应或蚱蜢跳效应，最终导致 OCPs 在全球范围的污染传播（Wania 和 Mackay，1996；Wania 等，1999）。研究发现，1979—1998 年间全球α–HCH 排放量和其在北极空气中浓度之间有很强的正相关关系（r^2=0.90）（图 2.4）（Li 和 Macdonald，2005），这表明 HCHs 具有很强的长距离迁移能力。还有很多研究发现，在北极生活的生物体内含有较高含量的 DDTs 和 HCHs（Barrie 等，1992），如北极熊（Lie 等，2003）。

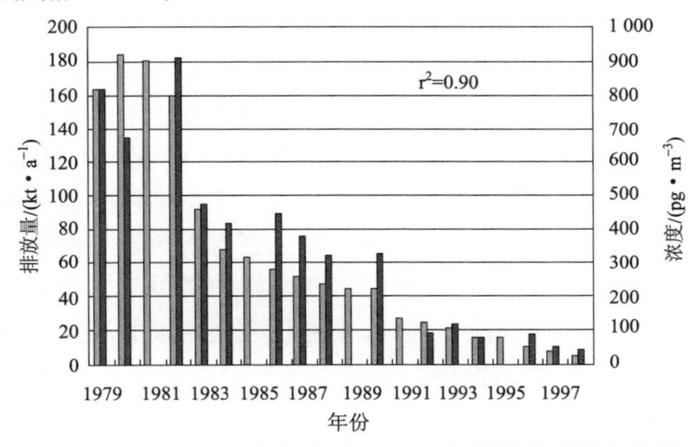

图 2.4 1979—1998 年间全球α–HCH 年排放量及其在北极空气中年平均浓度变化趋势（Li 和 Macdonald，2005）

（4）生物富集性和放大性：DDTs 和 HCHs 均具有亲脂憎水性，所以能够在生物体的脂肪组织和器官中蓄积，并沿食物链传递，含量逐级放大（Guo 等，2008；Senthilkumar 等，1999；Strandberg 等，1998；VanderOost 等，1996；Zhou 等，1999）。化学稳定性和高脂溶性是生物富集的重要条件。由于 DDTs 和 HCHs 具有很高的理化和生物稳定性，特别是 DDTs，所以它们在各营养级生物体内的生物富集系数相比其他有机污染物更为可观（徐亮等，2003）。DDTs 在鱼体内的富集因子（311～1 244）明显大于 HCHs（177～369）（Dou 和 Zhao，1996）。人类处于食物链的顶端，因此其体内会富集高浓度的 OCPs，对健康造成风险。已有很多研究者在人体组织和器官（脂肪、母乳、血液、胎盘、脐带血等）中检测到了高浓度的 HCHs 和 DDTs 及其代谢产物（Chikuni 等，1991；Kang 等，2008；Kutz 等，1991；Nakata 等，2002；Nakata 等，2005；Takei 等，1983；Tanabe 等，1993；Yu 等，2009；Zhao 等，2007），例如 Nakata 等（2002）在中国上海 5 名女性志愿者胎盘中检测到 DDTs 和 HCHs 浓度最高可达 19 000 和 17 000 ng/g。

2.1.2 主要来源

DDTs 和 HCHs 都是人工合成的有机化学品，在自然界原本是不存在的，目前环境各介质中存在的 DDTs 和 HCHs 等农用化学品主要来源于工业生产过程排放、农业施用以及居室灭虫和疾病控制等人为过程，其中在农业上将它们直接喷洒到作物和土壤进行病虫害防治的方式是它们进入环境的最重要的途径（Jones 和 de Voogt，1999）。目前，对于它们进入环境中的总量以及在区域、全球的使用模式了解还很少，存在很大的不确定性（Wania 和 Mackay，1999a）。

1. DDTs 来源

DDTs 是在人类历史上第一种有机合成农药，也是第一个大量使用的有机合成杀虫剂，最早是在 1874 年由德国化学家 Ottman Zeidler 合成，之后在 1939 年被瑞士 J.R. Geigy 化学公司的 Paul Muller 博士发现了其杀虫作用，此后的 1943 年，其开始大量生产并首先在瑞士推广使用（Beard 和 Collabor，2006；Turusov 等，2002）。第二次世界大战期间，其曾大量地以喷雾方式用于对抗黄热病、斑疹伤寒、丝虫病等虫媒传染病，使上百万人免于痢疾和伤寒等传染病造成的死亡，Muller 博士也因此获得了 1948 年的诺贝尔生理学与医学奖（刘维屏，2006）。从 1944 年开始，DDTs 便被投入大规模的工业生产当中，由于它显著的杀虫效果和低廉的价格，很快便被广泛应用于农业和公共健康领域（Turusov 等，2002）。

工业生产的 DDTs 原药的主要成分一般是 77%的 *p*, *p*'–DDT、15%的 *o*, *p*'–DDT 和 4%的 *p*, *p*'–DDE，其中只有 *p*, *p*'–DDT 是 DDTs 杀虫剂的有效杀虫成分（WHO，1989）。DDTs 对害虫具有强力的触杀和胃毒作用，因此可以用来防止棉铃虫、棉红铃虫等多种农业害虫和蚊、蝇、蚤、虱、臭虫等卫生害虫。从 1940 年至 20 世纪 70 年代初的三十多年里，DDTs 主要应用于农业害虫的杀灭工作，同时也在公共健康领域中被用来控制传播疟疾和斑疹伤寒症的病原生物（Li 和 Macdonald，2005）。

在 20 世纪七八十年代，巴西、印度尼西亚、马来西亚和菲律宾等发展中国家使用的农药都以杀虫剂为主，其中包括大量的 OCPs（风野光，1983）。19 世纪 60 年代初期，世界每年大约使用 400 kt DDTs，其中有 70%～80%被用于农业（Smith，1991；IARC，1974）。据估算，20 世纪 40 年代至今，全球的 DDTs 总产量大约为 4.5 Mt；1947—2000 年间，全球的 DDTs 农业总施用量达 2 600 kt，总排放量达 1 030 kt，其中施用高峰期集中在 1947—1970 年间，自 1970 年后，施用量有显著下降趋势（Li 和 Macdonald，2005）。世界范围内，DDTs 在农业上的总使用量居于前十位的国家分别是美国、苏联、中国、墨西哥、巴西、印度、埃及、危地马拉、意大利以及匈牙利；DDTs 在公共卫生领域的总使用量居于前十位的国家分别是印度、印度尼西亚、巴西、泰国、墨西哥、孟加拉国、巴基斯坦、缅甸、斯里兰卡以及苏丹；而DDTs总体使用量居于前七位的国家分别是美国、印度、苏联、印度尼西亚、中国、墨西哥以及巴西（表2.2）（Li和Macdonald，2005）。其中，中国的DDTs总使用量为270 kt，居于世界第五位，仅次于美国、印度、苏联和印度尼西亚（Li和Macdonald，2005）。

表2.2　DDTs总体使用量居于世界前七位的国家及其使用量（Li和Macdonald，2005）

国家	农业使用量/kt	公共卫生使用量/kt	总施用量/kt
美国	590	55	645
印度	75	430	505
苏联	320		320
印度尼西亚	20	293	313
中国	260	10	270
墨西哥	180	71	251
巴西	106	106	212
合计	1 606	910	2 516

然而，长期使用中，DDTs也暴露了自己的缺点，最严重的是它不易被生物分解，会长期残留在环境中，并通过食物链在生物体内蓄积和放大，对生物体和人体产生毒害作用，造成潜在的生态和健康风险（D'Amato等，2002；Harner等，1999；Longnecker，2005；Snedeker，2001）。于是，到20世纪70年代和80年代，美国和加拿大开始对其实行封禁政策（Harner等，1999）。到1995年，DDTs已经在全球59个国家被禁用，在20个国家被严厉限制；但是，目前在很多国家（尤其是第三世界国家）DDTs仍然被用于控制疟疾和伤寒等流行性传染病（Li和Bidleman，2003）。

DDTs被禁用后，除了在少数国家仍然作为应对流行病的药剂使用之外，还有一个值得注意的用途是作为生产农药三氯杀螨醇（Dicofol）的中间体（Qiu等，2005b）。自从1983年中国政府禁止使用DDTs之后，中国目前生产的DDTs除了主要用于出口到国外用于疾病控制以外，另一个重要用途就是供给国内生产三氯杀螨醇的厂家作为其生产原料。三氯杀螨醇（trichlorobischlorophenylethanol），是一种非系统性杀螨剂，它被广泛地用于控制棉花、果树和蔬菜上的螨虫。三氯杀螨醇通常是由工业DDTs合成反应过程制成（图2.5），由于工艺条件的限制，中国大多数厂家生产的三氯杀螨醇中含有较高比例（3.54%～10.8%）的DDTs

类杂质（*o, p'*–DDT，*o, p'*–DDE，*p, p'*–DDT）（Qiu 等，2004；Qiu 等，2005b）。这些杂质伴随着三氯杀螨醇的使用被带入环境中，从而使环境中尤其是土壤中的 DDTs 残留浓度升高。

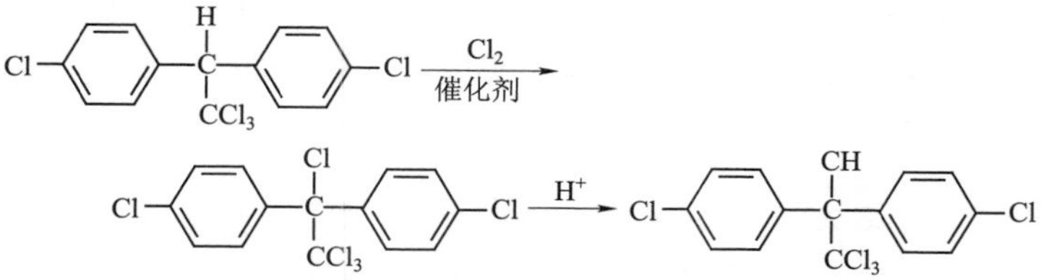

图 2.5　DDTs 合成三氯杀螨醇的反应过程（Qiu 等，2005b）

因此，在 DDTs 被禁用多年以后的今天，面对我国土壤中仍然有较高的 DDTs 残留的现状，很多研究者除了怀疑 DDTs 仍有非法施用之外，还把国产三氯杀螨醇作为造成环境中 DDTs 残留量较高的可疑输入来源（Chen 等，2005a；Gao 等，2005；Ge 等，2006；Guo 等，2006；Hu 和 Ai，2006；Nakata 等，2005；Qiu 等，2005a；Qiu 等，2004；Qiu 等，2005b；Shi 等，2005；Tao 等，2005；Wan 和 Jia，2005；Wang 等，2006b；Wang 等，2007；Zhang 等，2004a；Zhao 等，2006；Zhu 等，2005）。

美国曾经在 1986 年因为三氯杀螨醇中 DDTs 类杂质含量过高而禁止了它的使用，直到生产厂家将杂质含量控制到 0.1%以下才解禁。欧洲委员会颁布的禁止指令 79/117/EEC 也严格限制了三氯杀螨醇农药中的 DDTs 类杂质不能超过 0.1%，它有效地控制了英国三氯杀螨醇农药中的 DDTs 含量。中国某些地区禁止在茶叶和蔬菜种植中使用三氯杀螨醇。工业部的两项标准 HG 3699—2002 和 HG 3700—2002 中规定在三氯杀螨醇原药中 DDTs 类杂质含量不得超过 0.5%，在含有 20%三氯杀螨醇的乳剂当中不得超过 0.1%。这些标准应该在 2003 年 7 月 1 日生效，但是，不符合标准的三氯杀螨醇产品仍然在市场上流通。20 世纪 70 年代末中国开始生产和使用三氯杀螨醇，即使 1983 年 DDTs 被禁用之后，中国仍然继续生产用于出口和制备三氯杀螨醇的原料的 DDTs。1982—2002 年间，中国共生产了 97 kt DDTs，其中约有 54 kt 用于生产大约 40 kt 的三氯杀螨醇农药，而生产出来的三氯杀螨醇农药主要在中国地区使用（图 2.6）（Qiu 等，2005b）。

2. HCHs 来源

HCHs 最早是在 1825 年由英国化学家 Michael Faraday 首次合成，其农药特性直到 1942 年才最终被证实。3 年后由英国一家化学工业公司开始大规模生产并投入使用（Smith，1991）。HCHs 在工业上是由苯与氯气在紫外线照射下合成的。HCHs 主要用于蔬菜、水果、水稻、林木等的虫害防治，以及消灭土壤中的动物寄生虫等（Haugen 等，1998），同时，HCHs 在传染病医学上也被用于杀灭对人体健康有害的寄生虫等（Willett 等，1998）。

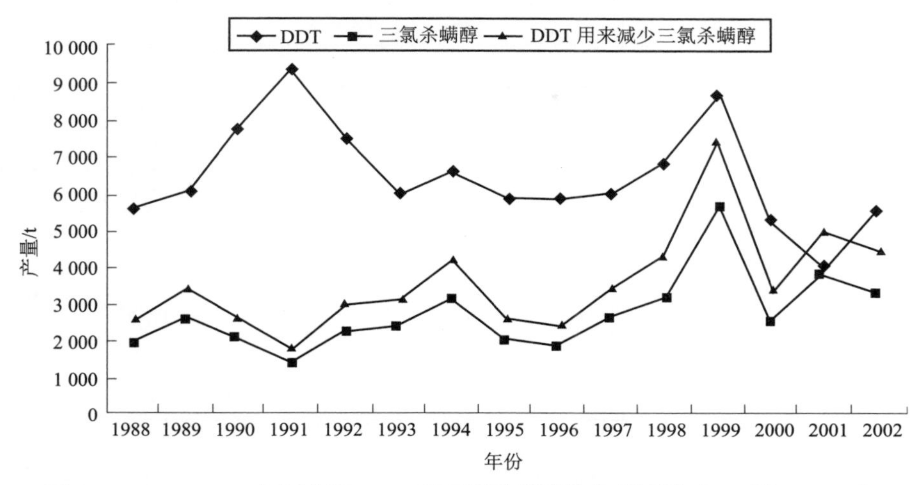

图 2.6　1988—2002 年间中国 DDTs 和三氯杀螨醇的生产情况（Qiu 等，2005b）

工业生产的 HCHs 原药一般为混合物，典型 HCHs 粉剂中包含 60%～70%的α–HCH、5%～12%的β–HCH、10%～12%的γ–HCH 和 6%～10%的δ–HCH，而其中只有γ–HCH 具有杀虫效果（Iwata 等，1993a；Iwata 等，1993b；Kutz 等，1991；Tabucanon 等，1992；Willett 等，1998）。由于很多国家缺乏相关的数据记录，还有一些国家对 HCHs 采取了禁令，所以很难准确统计 HCHs 的全球生产量和使用量（Willett 等，1998）。但是，有很多科学家对 HCHs 的生产和使用量进行了估算。根据估算，1945—1992 年间的 HCHs 产量为 1.4 Mt，其中约有 400 kt 是由美国生产企业贡献的（Barrie 等，1992）。1948—1997 年间 HCHs 的全球使用量为 9.70 Mt，其中亚洲是使用量最大的地区。使用量居于前十位的国家分别为中国、印度、苏联、法国、埃及、日本、美国、东德、西班牙和墨西哥（表 2.3）；其中，日本和印度的使用量分别为 400 kt 和 1 060 kt，苏联和美国的使用量分别为 693 kt 和 343 kt（Li，1999）。

另据估算，HCHs 农药和林丹的累积使用量分别为 550 kt 和 720 kt（Voldner 和 Li，1995）。对于单独的 HCHs 异构体的估算表明，在 1960—1989 年间，α和γ–HCH 异构体的使用量分别高达 403.9 kt 和 146.7 kt，α–HCH 使用量最高的区域为北纬 0°～30°，γ–HCH 使用量最高的区域为北纬 30°～60°（Strand 和 Hov，1996）。1980 年和 1990 年 HCHs 的全球使用量估算分别为 40 kt 和 29 kt，而 1990 年印度一个国家的使用量可达 28.4 kt，约占世界使用量的 98%（Li 等，1996）。

表 2.3 HCHs 使用量居于世界前十位的国家（Li，1999）

国家	使用量/kt	禁用年份
中国	4 464	1983
印度	1 057	—
苏联	693	1990
法国	520	1988
埃及	479	1981
日本	400	1972
美国	343	1976
东德	142	1982
西班牙	133	1992
墨西哥	132	1993

全球 HCHs 在 1950—1995 年间的使用总量变化趋势，总体呈现先显著增加后急剧下降的趋势（Li，1999）。期间出现三个明显的下降趋势：一个是在 1973 年，这是由于日本和其他发达国家对 HCHs 的禁用引起的；一个是在 1983 年，这是由中国对 HCHs 的禁用引起的；另一个是在 1990 年，这是由印度和苏联对 HCHs 的禁用引起的（Li，1999）。

中国作为世界上最大的发展中国家，具有非常庞大的人口数量，人均资源拥有量非常有限，经济和科技发展水平相对较低。为了养活 12 亿人口，需要不断增加粮食的生产量以满足日益紧迫的粮食需求，因此在历史上使用了大量的化肥和农药用以促进粮食的生产。在 20 世纪 70 年代至 20 世纪 80 年代初期，中国是世界上 HCHs 最大的生产者和使用者。在中国，HCHs 主要应用于农业生产，还有一小部分用于森林和公共健康（Cai 等，1992）。在中国，在农作物病虫害防治方面，HCHs 被广泛用于防治水稻、小麦、玉米、棉花、大豆、高粱、果树以及某些蔬菜的各类病虫害，适用面非常广，可以消灭多种害虫。最常用的施药方式是喷雾，另外，还采用土壤和种子处理等其他方式（Cai 等，1992）。1980 年中国 HCHs 在各类农作物上的使用量情况表明，各类农作物 HCHs 使用总量约为 210 kt，其中水稻的使用量占 50%以上，小麦占 25%，大豆/高粱以及玉米各占 10%；HCHs 使用密度最大的是果园（32 kg/ha），但它只占总使用量的 1.4%。HCHs 农药在不同类型农田中使用量的差异直接影响了其在不同土地利用类型土壤中残留的差异（An 等，2005；An 等，2004；Piao 等，2004；Shi 等，2005；Wan 和 Jia，2005；Zhang 等，2004a；Zhang 等，2006b；Zhang 等，2005b；Zhong 等，1996）。

据估计，在 20 世纪 70 年代末，中国地区和南亚地区年均 HCHs 的使用量为 60 kt（Barrie 等，1992）。1980 年我国 HCHs 原粉产量达 286.4 kt，到 1982 年我国 HCHs 原粉累计总使用量为 4 Mt（蔡道基，1999）。中国于 1952 年开始生产和使用 HCHs，使用总量为 4.46 Mt，几乎为全球使用量的一半，是世界上生产和使用 HCHs 数量最大的国家（Li 等，1998）。1952—1984 年间，中国 HCHs 的年产量变化趋势如图 2.7 所示。从 1952 年开始，HCHs 年产量随时间直线上升，到 1972 年达到第一个峰值，之后几年略有下降，到 1980 年又达到第二个峰值，到 1984 年时产量逐渐下降至零（Li 等，1998）。从 HCHs 使用量地域分布上看，中国东南部高于西北部，西藏等偏远欠发达的地区从未使用过此类农药；1980 年湖南省的使用量最高，达 20 kt（Li 等，1998）。

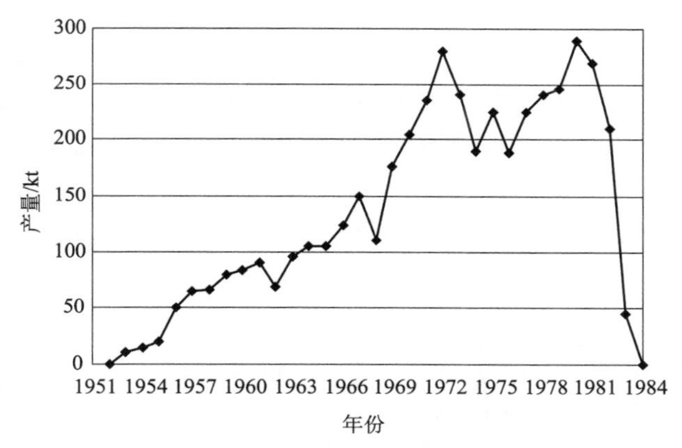

图 2.7　1952—1984 年间中国 HCHs 的年产量变化趋势（Li 等，1998）

伴随着大规模的使用，科学家逐渐认识到 HCHs 在环境和生物体中的持久性以及它们对生态环境及人体健康的危害。20 世纪 70 年年初，它们的使用首先从西方国家开始逐渐在各国受到了控制。加拿大和美国先后于 1971 年和 1978 年禁止了 HCHs 的使用（Barrie 等，1992）。中国和苏联分别在 1983 年和 1990 年禁止了 HCHs 的使用（Li 等，1998）。然而，直到 1992 年，仍有一些国家在继续使用 HCHs 和林丹，其中包括印度、苏丹以及哥伦比亚。而事实上，在北美和欧洲大部分地区林丹的使用并没有全面禁止，在加拿大和美国仍然用林丹来拌种和作为人用药品（Voldner 和 Li，1995）。

2.1.3　风险与危害

当正确使用合成有机农药时，对人类和自然生态有极大的好处，但是当其使用不当时，会对环境和人类造成相当的损害（威尔金逊，1985）。过去人们一直认为 DDT 之类 OCPs 是低毒安全的。但是，后来发现 DDTs 所具有的长效性，这种过去被人们认为的优点也慢慢给人类带来了灾害。由于它的理化性质非常稳定，在食品和自然界中可能长期残留，在环境中能通过食物链大大浓集；进入生物机体后，因其脂溶性强，可长期在脂肪组织中蓄积。因此，使用OCPs 所造成的环境污染和对人畜健康的潜在危害才日益引起人们的重视和不安。此外，由于长期、广泛使用 DDTs 和 HCHs 使一些虫类产生了抗药性，以致使用剂量越来越大，造成了全球性的环境污染问题。我国早期使用过大量DDTs 和 HCHs，已经对环境造成了严重污染（Gong 等，2004；Li 等，2005；Yang 等，2005；Zhou 等，2006；Zhu 等，2005）。尽管现在已经禁用多年，但是由于它具有极强的环境持久性，至今在我国部分沿海地区的水体和底泥中仍维持一定的残留水平，并且通过食物链在底栖生物体内蓄积（Guo 等，2008；Guo 等，2009；Yang 等，2005）。

环境介质中的 OCPs 可以通过饮食、呼吸和皮肤接触等暴露途径进入生物体和人体，从而对生物体及人体的健康产生危害（Garcia–Reyero 等，2006；Hura 等，1999；Kostyniak 等，1999；Lu 等，2000；Nakata 等，2002）。研究表明，通过各种途径进入生物体内的持久性有机污染物，主要可能在生物体的脂质、胚胎及肝脏等处积累下来，其蓄积达到一定程度就会对生物体的健康造成伤害。目前认为持久性有机污染物的主要毒理学危害可能包括对生物体的“三致”效应，即致癌、致畸、致突变作用，和对生殖系统、内分泌免疫系统、神经传导系统产生的干扰作用（刘征涛，2005）。OCPs 的慢性毒理作用主要表现在影响神经系统、内分泌系统和侵害肝脏、肾脏，可引起肌肉震颤、内分泌紊乱、肝肿大、肝细胞变性和中枢神经系统等病变；不但可能影响本代，而且可能影响后代（Bustnes 等，2003）。

由于 DDTs 和 HCHs 在各环境介质中的半衰期比一般的 POPs 都要长，并且具有很强的生物富集能力，因此它们对生物体及人体的风险和危害尤为突出。

2.2 DDTs 和 HCHs 的土壤残留

由于天然有机质是土壤的重要组成部分，所以土壤通常是 OCPs 在环境中的最重要的归宿之一（Tao 等，2003；Wania 和 Mackay，1999b）。基于此，国内外学者对表层土壤中 OCPs 的残留浓度水平、空间分布、时间变化、比值（同分异构体之间及母体与代谢产物之间）进行过大量相关的研究。

国外学者对 OCPs 的土壤残留研究进行得较早，并且多集中在北美地区。Dimond 等研究了美国缅因州森林土壤中的 DDTs 的长期残留动态，其中一处采样点 Sterling Bk 的 DDTs 总残留量∑(DDT+DDE+DDD)由 1967 年的 3 872 ng/g

下降到1993年的1 230 ng/g（Dimond和Owen，1996）。Elizabeth等对美国玉米带地区农业及园地土壤中的11种OCPs残留进行了测定，其中*p,p*'–DDT为4.67 ng/g，*o,p*'–DDT为1.79 ng/g，*p,p*'–DDE为3.75 ng/g，*p,p*'–DDD为1.20 ng/g，∑DDTs为9.63 ng/g，而α–HCH为0.09 ng/g（Aigner等，1998）。Harner等调查了美国阿拉巴马州历史上曾经施用过农药地区的36个农业土壤样品中的OCPs的残留浓度水平，其中α–HCH为（0.10±0.12）ng/g，γ–HCH为（0.13±0.11）ng/g，*p,p*'–DDT为（24.6±30.5）ng/g，*o,p*'–DDT为（4.0±5.86）ng/g，*p,p*'–DDE为（22.7±21.4）ng/g，*p,p*'–DDD为（2.4±2.41）ng/g（Harner等，1999）。Kurt–Karakus等测定出加拿大南安大略省Holland Marsh地区土壤中的*p,p*'–DDT残留浓度为11 000 ng/g，*o,p*'–DDT为3 200 ng/g，*p,p*'–DDE为3 100 ng/g，*p,p*'–DDD为1 200 ng/g，*o,p*'–DDE为90 ng/g，*o,p*'–DDD为400 ng/g（Kurt–Karakus等，2006），Meijer等对此地的研究结果则与此相近（Meijer等，2003b），这两次研究都发现该地区有较高的DDTs残留。此外，Manirakiza等分析研究了采自西非某城市农场的76个土样中的21种OCPs残留水平及分布特征，其中DDTs的污染最重，∑DDTs残留浓度为71.4 ng/g（Manirakiza等，2003）。

国内近年来对OCPs的土壤残留的研究也日益重视，其中大部分研究集中在2000年之后（An等，2005；An等，2004；Chen等，2004；Chen等，2005a；Chen等，2005b；Feng等，2003；Gao等，2005；Ge等，2006；Geng等，2006；Gong等，2004；Gong等，2003；Guan等，2006；Hu和Ai，2006；Li和Zhao，2005；Li等，2005；Liu等，2006；Piao等，2004；Qiu等，2005a；Shi等，2005；Tao等，2005；Wan和Jia，2005；Wang等，2006a；Wang等，2006b；Wang等，2006c；Wu等，2003；Yue等，1990；Zhang等，2005a；Zhang等，2004a；Zhang等，2006a；Zhang等，2004b；Zhang等，2006b；Zhang等，2005b；Zhao等，2005a；Zhao等，2005b；Zhao等，2006；Zhong等，1996；Zhu等，2005）。表2.4中汇总了近40篇文献中包括的几乎所有2000年以来全国各地不同类型土壤中DDTs残留浓度均值数据。综合所有数据来看，中国区域土壤DDTs残留总体均值为65.5 ng/g，范围为0.11～993 ng/g。北京市郊老果园DDTs残留量最高，达993.60 ng/g。DDTs残留量较高的依次为，天津污灌菜地土壤（235 ng/g）、苏南某市菜地和水稻田土壤（163 ng/g）、北京市四环周边表层土壤（140 ng/g）以及广州市菜地（100 ng/g）。DDTs残留量最低的是湖北孝感市丘陵土，只有0.11 ng/g。从总体上看，DDTs在我国土壤环境中仍然普遍存在，并且一些地区及某些类型土壤（如菜地）中DDTs残留量仍处在较高水平。

表 2.4 中国土壤 DDTs 残留量概况（按残留浓度算术均值由高到低排序）

采样地点及土壤类型	采样年份	样本数	∑DDTs*/（ng • g^{-1}）	数据来源
北京市郊老果园	2003	12	993.60	（Shi 等，2005）
北京市郊果园	2003	16	472.20	（Shi 等，2005）
天津污灌菜地土壤	2002	2	235.00	（Gao 等，2005）
苏南某市菜地和水稻田土壤	2002	89	163.20	（Geng 等，2006）
北京市四环周边表层土壤	2003	47	140.79	（Zhu 等，2005）
广州市菜地 20～40 cm	1999/2002	7	100.98	（Chen 等，2005a）
广州市菜地 0～20 cm	1999/2002	29	89.69	（Chen 等，2005a）
太湖菜地 0～20 cm		1	82.00	（Gao 等，2005）
天津菜地土壤	2002	2	80.00	（Tao 等，2005）
青岛市即墨	2005	8	79.55	（Geng 等，2006）
陕西杨陵 Lou Soil 不施肥	2000		79.36	（Wang 等，2006a）
北京市平原地区农田土壤	2003	131	77.18	（Zhang 等，2006b）
陕西杨陵 Lou Soil 玉米杆	2000		76.80	（Wang 等，2006a）
太湖稻田 0～20 cm		7	75.37	（Gao 等，2005）
陕西杨陵 Lou Soil 总体	2000		74.43	（Wang 等，2006a）
陕西杨陵 Lou Soil 农肥	2000		67.13	（Wang 等，2006a）
太湖稻田 21～40 cm		3	67.13	（Gao 等，2005）
太湖稻田 0～20 cm		1	60.20	（Gao 等，2005）
青岛市菜地	2005	12	57.04	（Geng 等，2006）
孝感市菜地土	2000	16	56.00	（Liu 等，2006）
天津土壤	2001	188	56.00	（Gong 等，2004）
北京市郊新果园	2003	4	50.90	（Shi 等，2005）
太湖森林 0～20 cm		1	48.80	（Gao 等，2005）
青岛市平度	2005	8	48.67	（Geng 等，2006）
青岛市胶州	2005	7	47.68	（Geng 等，2006）
浙北平湖和海盐县农田土壤	2004	81	44.68	（Qiu 等，2005a）
北京市郊菜地	2003	5	38.00	（Zhang 等，2006b）
青岛市农田	2005	26	31.80	（Geng 等，2006）
青岛市胶南	2005	8	27.81	（Geng 等，2006）
青岛市莱西	2005	8	27.49	（Geng 等，2006）
青岛市总体	2005	60	26.51	（Geng 等，2006）

续表

采样地点及土壤类型	采样年份	样本数	∑DDTs*/（$ng \cdot g^{-1}$）	数据来源
广州市菜地 40～60 cm	1999/2002	6	18.52	（Chen 等，2005a）
黄淮海平原	2003	16	16.65	（Zhao 等，2005a）
黄淮海平原禹城	2003	18	15.57	（Zhao 等，2005a）
青岛市城阳	2005	9	14.49	（Geng 等，2006）
黄淮海平原冀县	2003	20	14.03	（Zhao 等，2005b）
北京市郊荒地	2003	1	13.00	（Shi 等，2005）
黄淮海平原原阳	2003	15	11.22	（Zhao 等，2005a）
黄淮海平原总体	2003	129	11.16	（Zhao 等，2005a）
南京市郊水稻土壤		32	11.13	（Ge 等，2006）
黄淮海平原封丘	2003	34	11.11	（Zhao 等，2005a）
孝感市稻田土	2000	16	9.80	（Liu 等，2006）
北京市官厅水库周边土壤	2003	58	9.46	（Zhang 等，2004a）
北京市东南郊污灌农田土壤		12	8.41	（Zhang 等，2006b）
青岛市市南	2005	2	6.37	（Geng 等，2006）
北京市四环周边深层土壤	2003	46	5.59	（Zhu 等，2005）
北京市官厅水库周围三个村镇农田土壤	2003	30	5.11	（Zhang 等，2006b）
广州市和云浮市周边土壤	2003	8	4.95	（Chen 等，2005a）
青岛市李沧	2005	4	4.86	（Geng 等，2006）
北京市官厅水库周边农田和果园土壤	2002	25	4.42	（Zhang 等，2006b）
青岛市崂山	2005	2	4.29	（Geng 等，2006）
青岛市黄岛	2005	4	3.88	（Geng 等，2006）
雷州半岛典型区域	2004	74	3.83	（Guan 等，2006）
青岛市公路边领	2005	22	3.60	（Geng 等，2006）
东莞市	2002	64	3.49	（Zhang 等，2005b）
黄淮海平原长垣	2003	17	2.62	（Zhao 等，2005a）
黄淮海平原延津	2003	9	2.40	（Zhao 等，2005a）
孝感市丘陵土	2000	16	0.11	（Liu 等，2006）

*∑DDTs=∑(*p*, *p*'–DDT + *o*, *p*'–DDT+ *p*, *p*'–DDE + *p*, *p*'–DDD)

2.3 新旧源识别

虽然 DDTs 和 HCHs 已经在世界范围内被禁用了几十年，可是在土壤和大气中还普遍存在，区分土壤与大气中的 OCPs 残留的来源“新”与“旧”就成了研究者所关注的一个重要环境问题。所谓新源，就是指由于农药禁用后近期的新鲜施用造成的农药土壤残留，而旧源则是指由于历史施用造成的农药土壤残留（Harner 等，1999）。目前大家普遍采用比值法（农药代谢产物与母体之间的比值或不同异构体之间的比值）作为 DDTs 和 HCHs 新源与旧源的识别方法。

土壤中的 DDTs 在不同的氧化还原条件下可以逐渐被微生物转化为 DDE 或者 DDD，转化的速率受到很多因素的影响，其中包括土壤类型、温度、水分以及有机质含量等（Boul 等，1994；Hitch 和 Day，1992；Miglioranza 等，1999）。研究者对美国缅因州曾经施用过 DDTs 的森林土壤中 DDTs 的长期残留研究结果表明，DDTs 在环境中的半衰期可达到 20～30 年之久，由于降解缓慢，DDTs 停用几年之后 DDT/DDE 的比值仍高达约 13，25 年之后则降为约 1.3，表明 DDT 母体与代谢产物之间的比值 DDT/（DDE+DDD）随着时间增加逐渐降低，反之，即 DDT 代谢产物与母体之间的比值（DDE+DDD）/DDT 随着时间增加逐渐升高（Dimond 和 Owen，1996）。因此，研究者一般认为，母体与代谢产物的比值 DDT/（DDE+DDD）可以定性地判断 DDTs 在土壤中的残留时间长短，通常较小的比值说明 DDTs 在环境中残留时间较久，可以推测是老化的 DDTs 在土壤中经过长期降解之后的残留造成的，属于旧源污染，而当比值远高于 1 时，则说明有新源施用（Harner 等，1999；Tavares 等，1999）。根据这一判别标准，当 *p, p*’–DDT 的土壤残留浓度高于其代谢产物 *p, p*’–DDE 和 *p, p*’–DDD 的残留浓度之和时，研究者推断所研究地区近期内曾有过 DDTs 农药的新鲜施用（Fernandez 等，2000；Gao 等，2005；Wang 等，2007）。

农业上施用的工业品 HCHs 主要有两种：一种是由 HCHs 的四种异构体 α–HCH（71%），β–HCH（6%），γ–HCH（14%）和δ–HCH（9%）所组成的混合物，曾经在 20 世纪 50 年代至 80 年代初期被广泛施用于农业；另一种林丹是γ–HCH 的纯体（γ–HCH 99.9%），在 HCH 被禁用之后仍然被继续使用了 10 年之久（Li 等，1998）。由于β–HCH 结构对称，其化学和物理性质较其他异构体稳定，比较难于被降解，在环境中的持久性较强，所以α–HCH 和β–HCH 的比值α–HCH/β–HCH 可以用来区分土壤和大气中 HCHs 污染物来源的新旧（Chessells 等，1988），比 HCHs 原药混体中的比值小则说明污染属于历史施用残留，反之，则表明可能存在非法新鲜输入源。此外，α–HCH/γ–HCH 和

β–HCH/γ–HCH 也分别被用来追踪污染历史和区分环境中 HCHs 污染来源的新旧。有研究者认为，由于 HCHs 原药混体中α–HCH 占有绝对优势，所以当α–HCH/γ–HCH 比值变小时，可以推断污染主要源于历史施用的已经老化了的 HCHs 混体，而比值较大则表明可能存在 HCHs 混体的新鲜施用（Kim 等，2002；Li 等，2005；Wang 等，2007）。但是有些研究者认为，γ–HCH 在环境中可以较快地转化为α–HCH，所以，γ–HCH/α–HCH 大于 1 时则表明有新鲜的输入（Gao 等，2005）。另外，还有些研究者则是采用β–HCH/γ–HCH 作为新旧源的识别依据（Wang 等，2007；Zhu 等，2005）。

但是，由于 DDTs 和 HCHs 环境行为及其影响因素的复杂性，目前对其在土壤中残留的影响机制认识尚不十分明确，因此，比值法的可靠性有待通过对 OCPs 在土壤中的残留影响机制的深入研究来确认。

2.4　POPs 土壤残留与土壤有机质的关系

POPs 的环境行为和归宿受到很多因素的控制和影响，而它们在土壤中的残留水平主要受到农药施用历史、农业耕种方式、土壤物理化学性质、农药化合物本身的物理化学性质以及气象条件（例如温度和降雨）等诸多因素的影响（Szeto 和 Price，1991；Boul 等，1994；Spencer 等，1996；Gao 等，2005）。由于有机污染物的强疏水性质，它们很容易被土壤有机质所吸附（Marschner，1999；Pignatello，1998），因此，土壤有机质对 POPs 在环境中的行为与归宿产生了重要的影响（Meijer 等，2002；Ribes 等，2002）。大量的相关研究中讨论了土壤有机质含量与土壤中 OCPs 残留浓度之间的相关关系。

有很多研究者在研究中发现土壤中残留的 POPs 与土壤有机质含量之间有显著的正相关关系。例如，Ribes 和 Grimalt 研究了亚热带大西洋地区 Canary 岛上的 Teide 山区土壤中多氯联苯、DDTs 和 HCHs、六氯苯、五氯苯等有机氯化合物残留分布与有机质及温度的关系，他们的研究结果发现，土壤中包括 DDTs 和 HCHs 在内的各种化合物的残留水平与土壤有机碳含量之间有非常显著的正相关关系，并且 K_{oa} 越大的化合物的相关性越强（Ribes 等，2002）。此外，Merjer 等对全球 191 个背景土壤样品中的 PCBs 和 HCB 进行了测定和分析，结果发现，这两类有机污染物的土壤残留浓度与土壤有机质含量之间都有显著的正相关关系，有机质丰富的北半球土壤是全球最大的污染物储库（Meijer 等，2003a）。Gong 等研究了中国天津市 188 个表土样品中的 DDTs 含量及分布，发现土壤中 DDTs 总残留量与土壤总有机碳含量之间有显著的正相关关系（Gong 等，2004）。Chen 等在中国广州市周边菜地土壤中的 POPs 含量和来源的研究中也发现土壤中多环芳烃的残留浓度与土壤有机质含量之间有显著的正相关关系（Chen 等，2005）。Nam 等对西欧及全球背景土壤中多环芳烃的污染水平、地理分布及其影响因素进行了深入分析和讨论，发现土壤有机质含量与土壤中多环芳烃的残留浓度之间有非常显著的正相关关系，并且因此推断土壤有机质是一个对多环芳烃在土壤中富集与残留有重要影响的因素（Nam 等，2009；Nam 等，2008）。

但是，也有一些研究中发现土壤中 POPs 残留与土壤有机质含量之间并没有显著的相关关系。例如，Harner 等在阿拉巴马州农业土壤中的 OCPs 残留研究中没有发现农药残留与土壤有机碳含量之间有较为显著的相关关系，并且指出，土壤中 OCPs 的残留还同时受到历史施用和降解速率的影响，而不单单只是气–土平衡作用的影响（Harner 等，1999）。类似地，Kannan 等于 1999 年在南卡罗来纳州和佐治亚州采集了 32 个种植棉花的农田土壤样品，分析了其中包括 DDTs 和 HCHs 在内的 7 种有机污染物的含量，也并未发现这些土壤中的农药残留与土壤有机碳之间存在正相关关系（Kannan 等，2003）。此外，Zhu 等在北京市郊土壤中 DDTs 和 HCHs 残留与分布的研究中，Chen 等在中国北部土壤中 POPs 残留的研究中，也都未发现土壤中 POPs 残留浓度与土壤有机碳含量之间存在相关关系（Chen 等，2005b；Zhu 等，2005）。

对于 POPs 的土壤残留与有机质之间的正相关关系成因，该领域的科学家们有不同的看法。有些研究者认为，土壤中有机污染物与土壤有机质之间的正相关关系，表示区域内污染物通过大气传输，在受污染程度不同的土壤之间重新进行土壤与大气之间的分配，达到了稳定或者平衡状态，而气–土分配过程中的主导机制就是在空气和土壤有机质之间平衡分配，该分配过程受土壤有机质对污染物吸附作用的控制（Meijer 等，2003a；Ribes 等，2002）。但是也有研究者认为，POPs 土壤残留与土壤有机质的正相关关系是由于土壤有机质对污染物的锁定作用降低了它们的生物有效性，从而造成它们在土壤中的累积（Tao 等，2003）。由于目前对此尚无定论，因此还需要进一步对有机污染物土壤残留与有机质之间的关系的影响机制进行深入细致的探讨。

2.5 吸附与锁定

2.5.1 吸附机理

从 20 世纪 70 年代就开始了对有机污染物在土壤中吸附机理的系统研究，吸附作用影响着有机污染物在环境中的迁移、降解、生物有效性、毒性及环境行为，因而对它的研究具有非常重要的理论意义。土壤中的矿物和有机质组分都是影响土壤吸附有机污染物的重要因素，但是相对于矿物组分而言，土壤中的有机质组分对有机污染物尤其是疏水性有机污染物（HOCs）具有较强的热力学亲和力，因此土壤有机质对 HOCs 的吸附是其主导机制（Mader 等，1997；Schwarzenbach 和 Westall，1981）。土壤有机质对 HOCs 的吸附机制主要有两大基本理论：线性分配和非线性吸附。

线性分配是 1980 年之前土壤有机质对 HOCs 吸附机理研究的早期理论。有机污染物与土壤有机质之间的吸附作用一开始被认为是有机物被固体有机物表面所吸附，但是，后来研究者发现土壤有机质的表面积其实很小，并且土壤有机质的表面并不像矿物晶体的刚性表面那么坚硬，有机分子可以随着时间逐步扩散进入土壤有机质内部，而不仅仅是停留在表面。因此，分配机制从根本上取代了表面吸附机制。同时，很多研究者观察到 HOCs 在土壤中的线性吸附现象（Chiou 等，1983；Karickhoff 等，1979；Means 等，1980），因而提出有机污染物在土壤和沉积物中的吸附实际上是有机污染物在水相和有机质相间的线性分配过程，类似于固相溶解，与溶质浓度无关，不同污染物质之间也没有竞争，并用有机碳标准化的分配系数 K_{oc} 表示污染物的环境吸附行为。此后，线性和非竞争的分配模型被广泛采纳并写入了教科书中，对预测有机污染物的环境行为和归宿起到了重要的作用。

然而，1990 年后研究者在实验中逐渐发现土壤有机质对 HOCs 的吸附并不只是简单的理想化的非竞争线性分配，还有非线性（Huang 等，1997；Xia 和 Ball，1999；Xing，2001b；Xing 和 Pignatello，1997b；Xing 等，1996）、溶质竞争吸附行为（Kan 等，1998；Mcginley 等，1989；Xing 和 Pignatello，1997a；Xing 和 Pignatello，1997b；Xing 和 Pignatello，1998；Xing 等，1996）、吸附与解吸的滞后现象（Huang 和 Weber，1997；Kan 等，1998；Miller 和 Pedit、1992；Xia 和 Pignatello，2001；Yuan 和 Xing，2001），以及浓度相关性，从而对其进行了修正，提出非线性吸附理论。非线性吸附理论一般认为吸附的非线性是受土壤有机质的高度异质性的影响，并提出了“软碳（或橡胶态碳）”与“硬碳（或玻璃态碳）”的概念。在硬碳相，HOCs 表现出非线性、慢速率、溶质竞争吸附和吸附与解吸的滞后效应；而在软碳相，则表现出线性的、快速率的吸附，没有溶质竞争和吸附与解吸的滞后现象。Xing 和 Pignatello 提出了双模式吸附理论，即土壤有机质对 HOCs 的吸附有两种机理：线性分配机理和 Langmuir 吸附，表观吸附表现为两者的总和（Xing 和 Pignatello，1996；Xing 和 Pignatello，1997b）。

2.5.2　锁定机理

早在 20 世纪六七十年代，研究者已经注意到随着 HOCs 与土壤/沉积物的接触时间增加，其生物有效性逐渐降低，并且不易被性质温和的溶剂所提取，但是污染物本身并没有消失，这一过程被称为“锁定”（Robertson 和 Alexander，1998）。研究者在实验中观察到了一系列有机污染物被土壤锁定的证据，如在DDTs和狄氏剂对昆虫的毒性研究中（Peterson 等，1971；Robertson 和 Alexander，1998），阿特拉津对燕麦和大头菜等植物的毒性研究中（Bowmer，1991），蚯蚓对菲和阿特拉津摄取的研究中（Kelsey 等，1997），多环芳烃等有毒有机污染物的基因毒性研究中（Alexander 和 Alexander，1999；Alexander 等，1999），以及一些有机污染物对于细菌的生物可降解性的研究中（Hatzinger 和 Alexander，1995），都发现了在老化过程中由于有机污染物被土壤锁定，从而生物有效性降低并在土壤中长期滞留的现象。此外，研究者还发现污染物被锁定的比例与污染物的理化性质及土壤本身的类型有密切关系（Lichtenstein 等，1960；Nash 和 Woolson，1967；Onsager 等，1970）。

锁定发生的机制比较复杂，已有很多研究者对此进行了深入研究，目前一般认为锁定主要包括两种概念机制：硬碳慢吸附和纳米级微孔填充（Cornelissen 等，2005；Luthy 等，1997；Semple 等，2003）。当 HOCs 进入土壤中后，随着与土壤接触时间的增加，慢慢地会与土壤有机质中比较致密的组分（硬碳）发生扩散作用，进入硬碳组织的内部并与之发生较强作用的结合，但是这种吸附作用一般进行得较慢，并且不易被解吸，不能够被微生物所降解，所以一般认为这一部分是被土壤锁定了（Xing 和 Pignatello，1997b）。还有一部分 HOCs 可以随着时间的推移在土壤的孔隙水中被运移到由土壤矿物组分及有机质组分聚合体所形成的纳米级微孔中，并被吸附到微孔的壁上，微生物很难进入这样的微孔中，所以这一部分污染物也不能被降解，从而被锁定在土壤中（Pignatello 和 Xing，1996）。很多土壤中包含着大量的孔隙，直径一般在 20 nm 左右或者更小（Alexander，1995），这样的微孔不能被最小的细菌（1 μm）、高级生物体（原生动物 10 μm）或者根毛（7 μm）所穿透，因而进入微孔中的污染物就不能被生物体所接触，从而不具有生物有效性。总之，难降解有机污染物（包括 DDTs 和 HCHs）的锁定将影响它们在土壤内部及土壤与其他介质界面的迁移转化、交换和最终归宿。

2.6 微生物降解

土壤是 OCPs 在环境中的主要储库，因此环境研究者对 OCPs 在土壤中的消除途径进行了大量的研究。OCPs 在土壤中的消除机制主要包括：挥发、淋溶、生物降解和非生物降解（Edwards，1966）。OCPs 是一类热稳定性高、在环境中具有较强的持久性的有机污染物，它们的挥发性、水溶性都很低，因此生物降解是其从土壤环境中自然消除的最重要的途径之一。

HCHs 在自然环境中降解很慢，有研究者发现α–HCH、β–HCH、γ–HCH 和δ–HCH 在水稻田中的半衰期分别为 360、620、180 和 720 h（Satpathy 等，1997）。HCHs 的生物降解主要是指在一定的环境条件下，利用 HCHs 做碳源的微生物体释放的生物酶对 HCHs 的催化转化过程。自从 20 世纪 70 年代早期，人们就开始对 HCHs 的生物降解进行研究，主要集中在有氧降解和无氧降解两个领域。在被 HCHs 污染的土壤中，好氧微生物可迅速降解 HCHs 的各同分异构体α–HCH，β–HCH，γ–HCH 和δ–HCH，但是其生物降解途径还未完全弄清楚。Bachmann 等（1988）提出了α–HCH 在土壤中的降解转化途径，五氯环己烯烃（PCCH）为主要的中间产物（Bachmann 等，1988a；Bachmann 等，1988b）。厌氧微生物在生物矿化过程中主要通过共代谢来转化 HCHs。无氧条件下，淤泥混合培养物降解 90%的α–HCH 和 99%的γ–HCH（Buser 和 Muller，1995）。δ–HCH 尤其是β–HCH 降解很慢，并且必须要在协同代谢物存在时才能转化，最终产物为氯苯（67%）和苯（19%）。1,2,3,4–四氯环己烯烃（TeCCH）为最初的过渡体，然后进一步脱氯为二氯环己二烯烃（DCCH）（Baxter，1990）。HCHs 不同异构体的稳定性和毒性影响降解速率。在微生物的平衡生长阶段，脱氯速率由大到小的顺序为γ–HCH＞α–HCH＞δ–HCH＞β–HCH（Buser 和 Muller，1995），这一顺序与 HCHs 各异构体的分子结构相关：轴线上的 Cl^-越多，降解越快。γ–HCH、α–HCH、δ–HCH、β–HCH 轴线 Cl 原子数分别为 3、2、1、0。另外，驯化微生物存在的环境，包括 pH、温度、溶解氧、可利用的氮、气候等都是影响降解的因素。

DDTs 是公认的在环境中最持久的污染物之一，它的难生物降解性主要缘于：分子中有致钝的氯原子取代基；低水溶性导致低生物有效性；微生物在代谢 DDTs 时没有能量方面的益处。尽管如此，目前人们已经从不同的生物中分离出能够以共代谢方式降解 DDTs 的微生物（Barker 等，1965；Beunink 和 Rehm，1988；Bumpus 和 Aust，1987；Focht 和 Alexande，1970；Hay 和 Focht，1998；Kallman 和 Andrews，1963；Katayama 等，1992；Lal 和 Saxena，1982；Moody 和 Nadeau，1994；Nadeau 等，1994；Pfaender 和 Alexande，1972；Sharma 等，1987；Subbarao 和 Alexander，1985；Wedemeye，1966），但是到目前为止只报道了 2 株能以 DDTs 为唯一碳源生长的微生物（Chandrappa Harichandra，2004；Rajkumar 和 Manonmani，2002）。细菌降解 DDTs 的途径主要有：还原脱氯降解（图 2.8）；先脱氯化氢再开环降解（图 2.9）；直接开环降解。微生物对 DDTs 的降解并不仅仅限于细菌，有些真菌也通过类似于图 2.8 中的还原脱氯方式降解 DDTs。DDTs 在土壤中的降解途径和纯培养微生物对它的降解途径类似，在缺氧土壤中，DDTs 通过还原脱氯形成 DDD 被认为是主要的路线；也可以检测到少量的 DDA、DDM、DDOH、DPB 和 DDE。与之相应的是，

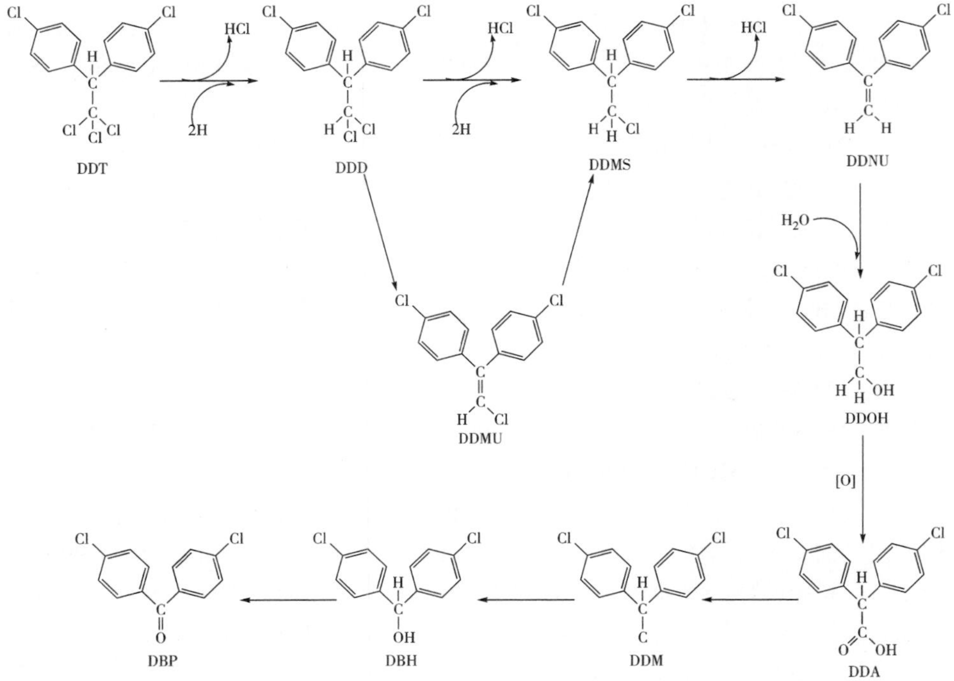

图 2.8 微生物通过还原脱氯方式降解 DDTs 的途径（Aislabie 等，1997）

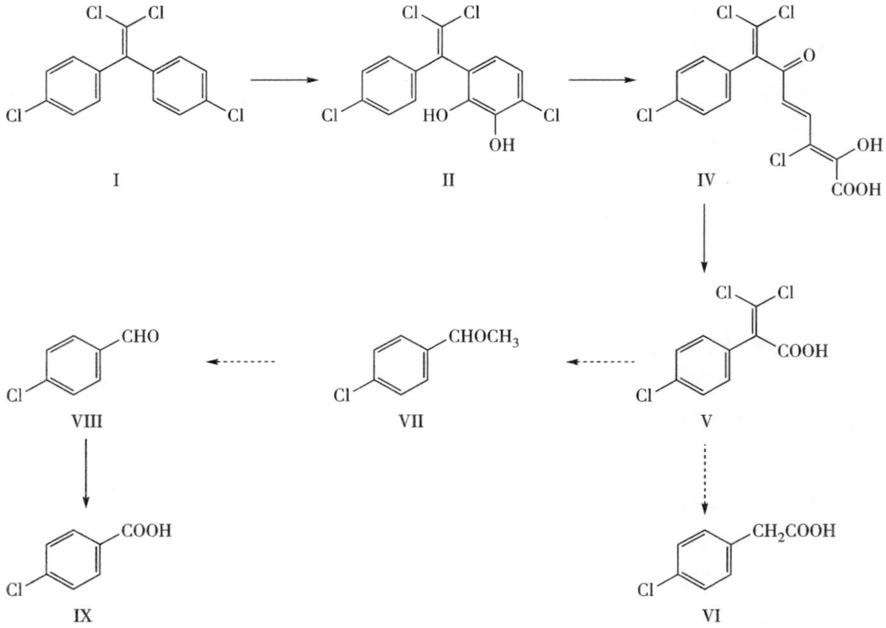

图 2.9 微生物通过先脱氯化氢再开环方式降解 DDTs 的途径（Hay 和 Focht，1998）

在好氧土壤中 DDTs 主要被脱氯化氢形成 DDE。影响土壤中 DDTs 微生物降解的因素主要包括：土壤有机质、土壤湿度、土壤温度以及生物可利用率等（洪青等，2008）。

2.7 地气交换

土壤是 OCPs 在环境中的重要储库，进入土壤中的有机污染物会与大气发生交换，重新释放到大气中造成二次污染，成为一个潜在的挥发源，因而与地气交换相关的研究对于了解 OCPs 在环境中的归宿具有重要的理论和实践意义。研究者在这方面进行了大量系统的研究，关注的主要焦点包括：土壤中残留 OCPs 向大气的挥发输送，区域有机污染物的气土平衡状态，以及 OCPs 在不同土壤中的土壤–大气平衡分配系数（K_{sa}）。

已有的大量研究表明，残留在土壤中的在历史上已被禁用了的 POPs 向大气的挥发已成为一个重要的并将持续存在的大气污染来源。地气交换研究最为集中的地区是 OCPs 曾经被大规模施用并且在几十年前被相继禁用了的美国和加拿大地区。

加拿大地区农药的地气交换研究主要是由加拿大环境部的 Harner 和 Bidleman 及兰卡斯特大学 Kurt–Karakus 的研究小组合作进行的。例如，Meijer 等研究了加拿大南安大略省著名的密集型农业区 Tobacco Belt 和 Holland Marsh 两地农业土壤中 OCPs 的地气分配交换过程，他们采用了圆盘式贴地表大气主动采样器采集了两地的近地表空气样品，得出了 OCPs 的土壤–大气平衡分配系数，并且通过比较土壤和大气中 OCPs 的手性特征检验了地气系统中 OCPs 的平衡状态；检验了前人预测不同土壤中 K_{sa} 的推导模型的可行性（Meijer 等，2003b）。此后，Kurt–Karakus 等也对南安大略地区某农场土壤中 DDTs 的地气交换进行了调查研究，他们测定了土壤中老化的 DDTs 向大气的挥发通量并且分析了各 DDTs 的同系物不同的挥发性如何影响它们的土–气分馏（Kurt–Karakus 等，2006；Meijer 等，2003b）。此外，Bidleman 等还调查了加拿大不列颠哥伦比亚地区农业土壤中 OCPs 历史残留向大气中的挥发输送（Bidleman 等，2006）。

美国地区关于 OCPs 的地气交换也较多。例如，Spencer 等在研究中估算了美国加利福尼亚地区某农业土壤中残留的 DDTs 及其代谢产物向大气的挥发通量，以及向大气挥发的速率（Spencer 等，1996）。Bidleman 研究组还研究了美国南部农业土壤中毒杀芬、滴滴涕、狄氏剂以及反式–九氯等 OCPs 的土气交换，并且通过逸度方法分析了这些农药的气土平衡状态（Bidleman 和 Leone，2004a；Bidleman 和 Leone，2004b）。美国环保局及俄亥俄州杨斯顿州立大学的 Falconer 和 Leone 等还研究了美国玉米带地区农业土壤及周边地区大气中的手性 OCPs，通过手性农药在土壤和大气中的对映体分数比较推断大气中手性农药的来源，目的是把手性农药对映体的选择性降解作为大气中 OCPs 污染物来源解析的特征指示（Leone 等，2001）。

此外，Bidleman 研究组的 Wong 等还对墨西哥南部包括恰帕斯州、韦拉克鲁斯州和塔巴斯科州地区土壤和大气中的滴滴涕、毒杀芬以及氯丹等农药的化合物组成及手性农药的对映体分数进行了研究，并且结合土壤和大气中 OCPs 化合物的逸度计算分析了当地环境中 OCPs 的土气平衡状态以及农药向大气的挥发输送。结果发现，由于历史施用造成的残留在土壤中的毒杀芬向大气的挥发释放是大气中毒杀芬的主要来源（Wong 等，2008）。最近慕尼黑大学及丹麦学者还研究了欧洲阿尔卑斯山区土壤、大气及松针中的手性农药α–六六六、顺式七氯环氧化物以及氧化氯丹在不同纬度和海拔样点中的分布及对映体分数，分析了纬度和海拔高度以及植被、土壤有机质、特殊地理位置的沉降以及温度和土壤 pH 对于 OCPs 在该地区环境中的分布、迁移以及归宿的影响（Shen 等，2009）。

第3章 研究方法

3.1 研究的技术路线

本研究共分为两个部分：区域土壤污染调查和微宇宙室内模拟实验。研究的技术路线如图 3.1 所示。

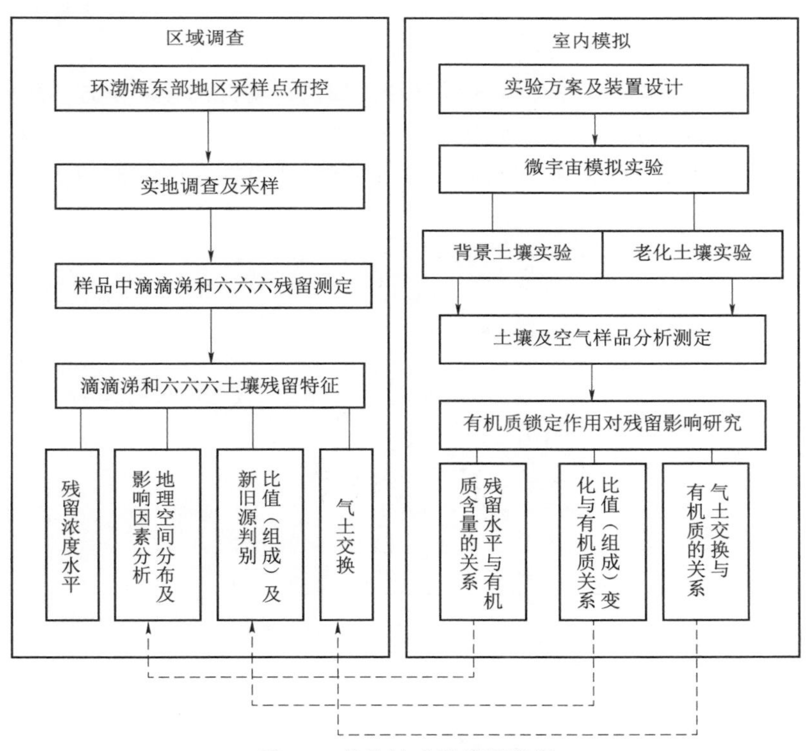

图 3.1 总体技术路线示意图

区域土壤污染调查研究部分：在海河平原科学合理地布设土壤采样点，进行样品采集，以及 DDTs 和 HCHs 浓度的分析测定，获得的数据用于揭示海河平原地区土壤中 DDTs 和 HCHs 的残留特征，包括残留浓度水平、土壤残留地理分布、DDTs 和 HCHs 的同系物组成比值、新旧源判别，以及土壤中残留 DDTs 和 HCHs 的气土交换。此处需要说明一点：在区域研究工作中，土壤样品采集及 OCPs 残留分析测定由本研究组其他同学完成，本章借用他们的数据对 DDTs 和 HCHs 的土壤残留组成及来源做进一步深入的分析和探讨。

微宇宙室内模拟实验部分：由两组独立且并行的微宇宙模拟实验组成，分别是背景土壤暴露实验和老化土壤挥发实验，目的是通过这两组实验揭示土壤有机质对于 DDTs 和 HCHs 在土壤中残留的影响机制。

3.2 野外区域样品的采集

3.2.1 采样区域概况

环渤海东部地区，也可称为海河平原地区，地处华北，包括北京、天津、河北和山东的西北部（图 3.2）。东面环绕渤海湾；南部衔接河南省；西依太行山，与山西为邻；西北和北部跨燕山山脉和坝上高原，与内蒙古自治区交界；东北部与辽宁接壤。地理坐标在东经 113° 27′～120°，北纬 36° 05′～42° 40′（河北省统计局，2005）。

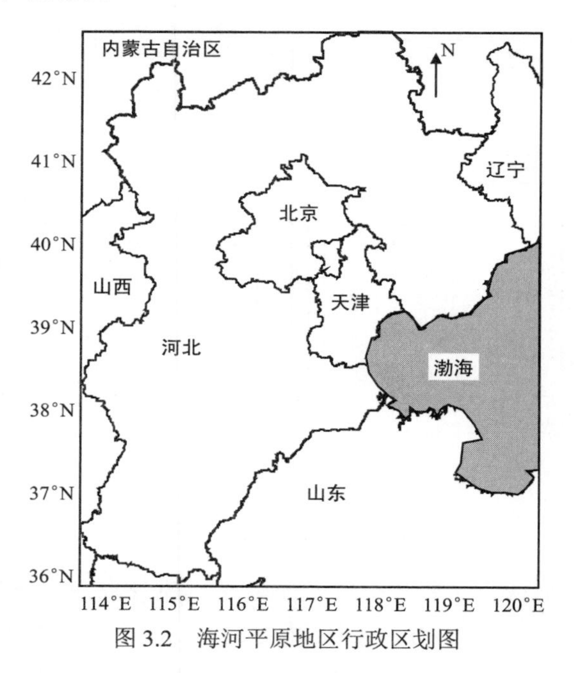

图 3.2 海河平原地区行政区划图

海河平原地区地势为西部和北部高，东南部低。其中北部为坝上高原，平均海拔 1 200～1 500 m，占区域总面积的 5.96%；西部的太行山地和北部的燕山山地海拔多在 2 000 m 以下，占区域总面积的 33.7%；东南部为河北平原、鲁西平原和鲁北平原，海拔多在 50 m 以下，占区域总面积的 60%以上（河北省统计局，2004；山东省统计局，2004；北京市统计局，2004；天津市统计局，2004）。

海河平原地区属温带大陆性季风气候，四季分明，春季干旱多风，夏季炎热多雨，秋季天高气爽，冬季寒冷干燥。年平均气温在 10 ℃以上，1 月份的月平均气温最低，一般在 0 ℃以下，7 月份的月平均气温最高，通常在 25 ℃以上。海河平原地区多年平均降雨量为 509 mm，降水量四季分布不均，多集中在 7、8 月份，平均降雨量在 100 mm 以上；冬季降雨量最少，月平均降雨量多在 10 mm 以下（河北省统计局，2004；山东省统计局，2004；北京市统计局，2004；天津市统计局，2004）。

海河平原地区总面积约为 27 万平方千米，区域内部气候条件不一，地形多变，从而水热条件多样，发育了不同类型的植被和土壤。就植被而言，在海河平原地区，温带草原、阔叶林、针叶林、草甸等均有连片分布；海河平原地区的主要土壤类型有：棕壤、褐土、潮土、沼泽土、水稻土及滨海盐土等（河北省土壤普查办公室，1990）。

3.2.2 土壤样品的采集、运输与储存

以网格法为基础，在海河平原近 27 万平方千米的地域内布设了 302 个采样点，相邻采样点之间的间距约为 30 km，每个采样点代表约 900 km^2 的面积。在实际采样时，使用 GPS 根据预先布设样点的地理坐标进行定位，并根据采样地点附近的交通状况做适当的调整。实际采样点的位置如图 3.3 所示。采样时，为保证样品具有代表性，尽可能避开交通干线、工厂和居民区。其中天津地区的 15 个样品于 2001 年 5 月采集，北京地区的 19 个样品于 2003 年 7 月采集，其他 268 个样品于 2004 年夏季采集。

每个样点选择约 100 m×100 m 样区，在采样区的四角和中央各采集 1 份（约 200 g）表层土壤样品（0～10 cm），并将这 5 份样品合为 1 个混合样本。所有土壤样品采集时均使用不锈钢铁铲，样品采集后保存于洁净的聚乙烯袋或玻璃容器中封口保存，等待处理时间较长的样品则放置于 4 ℃冰箱保存。

采集的土壤样品在实验室内自然风干，去除草根和石子等杂质，使用研磨仪（德国 Fritsch，Pulverisette 2，配玛瑙研钵及研杵）研磨，全量过 70 目铜筛网。之后保存于洁净的棕色广口瓶中，置于冰箱 4 ℃冷藏保存至待测。

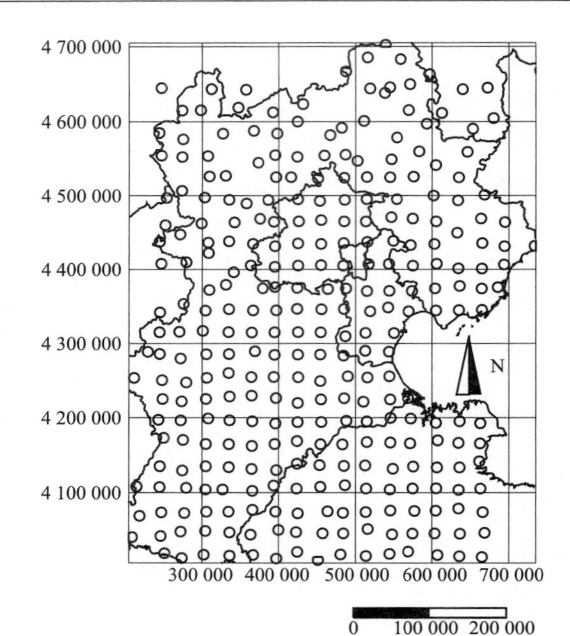

图 3.3 海河平原表层土壤采样点位分布（采用 UTM 坐标）

3.3 微宇宙室内模拟实验 I：背景土壤暴露实验

3.3.1 实验材料及装置

土样：本研究中所用的 5 种土样采自北京十三陵地区，关于样品采集和处理的详细说明可参考相关发表的工作及学位论文（Pan 等，2007；潘波，2005）。土样有机质含量范围为 0.23%～7.1%，经过研磨，过 2 mm 筛，土壤的含水量调节到田间持水量的 70%。五种土壤的基本表征参数见表 3.1，各表征参数的测定方法在后面详述。各土壤样品中的 DDTs 和 HCHs 的背景浓度很低（表 3.2），远低于在实验中观测到的浓度，因而在本研究所有的实验分析中被忽略不计。

表 3.1 微宇宙模拟实验中五种土壤样品基本理化性质表征

性质	SOC1	SOC2	SOC3	SOC4	SOC5
有机碳含量/%	0.23	1.1	2.1	4.5	7.1
pH	7.6	7.6	6.7	6.4	6.4
炭黑含量/%	0.024	0.062	0.042	0.084	0.151

续表

性质	SOC1	SOC2	SOC3	SOC4	SOC5
富里酸含量/%	0.17	0.32	0.65	1.2	1.8
胡敏酸含量/%	0.06	0.18	0.45	0.76	1.5
表面积/（$m^2 \cdot g^{-1}$）	25.8	12.0	4.91	4.79	1.81
微孔体积/（$cm^{-3} \cdot g^{-1}$）	1.15×10^{-2}	5.53×10^{-3}	2.20×10^{-3}	2.15×10^{-3}	8.32×10^{-4}
中孔体积/（$cm^{-3} \cdot g^{-1}$）	2.07×10^{-2}	8.45×10^{-3}	5.72×10^{-3}	2.69×10^{-3}	3.47×10^{-3}
总孔体积/（$cm^{-3} \cdot g^{-1}$）	3.22×10^{-2}	1.40×10^{-2}	7.92×10^{-3}	4.84×10^{-3}	4.30×10^{-3}
田间持水量/（%，干重）	19	21	21	41	52

表 3.2 微宇宙模拟实验中五种土壤样品 DDTs 和 HCHs 各同分异构体的背景浓度

$ng \cdot g^{-1}$

同分异构体	SOC1	SOC2	SOC3	SOC4	SOC5
α–HCH	0.04±0.00	0.05	0.16±0.01	0.31±0.06	0.49±0.01
β–HCH	0.03±0.04	0.39	0.08±0.00	2.09±0.16	1.96±0.43
γ–HCH	0.37±0.37	0.04	0.12±0.02	0.34±0.01	0.38±0.03
δ–HCH	0.08±0.01	0.00	0.13±0.01	0.22±0.04	0.19±0.05
p, p'–DDT	0.06±0.07	0.58	0.41±0.11	2.40±0.42	5.14±0.09
o, p'–DDT	0.21±0.26	0.17	0.15±0.02	0.72±0.07	1.49±0.10
p, p'–DDE	N.D.	1.52	0.16±0.05	1.86±0.66	4.73±0.46
o, p'–DDE	0.03±0.04	0.00	0.02±0.03	0.08±0.01	0.12±0.01
p, p'–DDD	0.15±0.15	0.03	N.D.	0.17±0.04	0.34±0.22
o, p'–DDD	0.23±0.25	N.D.	N.D.	N.D.	0.01±0.01
N.D.：未检出。					

暴露源物质：暴露用 HCHs 为国家标准化学物质中心提供的固体样品（α–HCH 64.23%，β–HCH 9.56%，γ–HCH 14.52%，δ–HCH 7.34%）；暴露用 DDTs 为购自天津渤海化工公司天津化工厂的工业品 DDTs（*p, p*'–DDT 74.4%，*o, p*'–DDT 19.7%）。

微宇宙装置：装置实物如图 3.4 所示，是由一组（6 个）容积为 2 L 的玻璃广口瓶经过改装串联而成的一套密闭且不透光的体系（图 3.4（a））。

其中有一个瓶中内置可以使体系内气流循环的空气泵，空气泵由定时器控制，每工作 24 h 休息 15 min。其余 5 个瓶内各放置具有 5 层圆盘的铁制支架，每层圆盘可放置 3 个平行的土壤样品，每个瓶内共可以放置 15 个土壤样品；在这 5 个瓶中，其中的一个内置温湿度测量计，可以随时监测体系内的温度和湿度状态（图 3.4（b））。

（a）

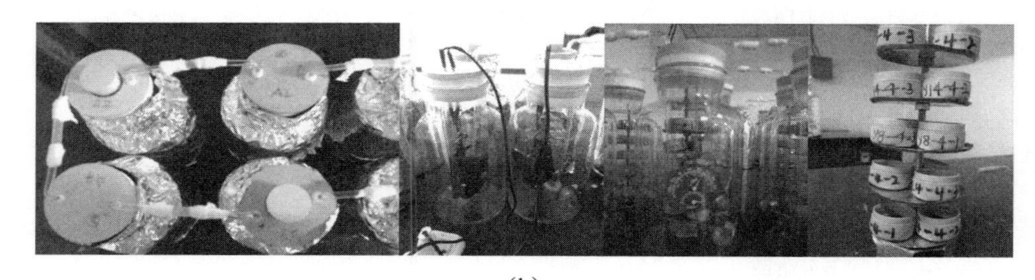

（b）

图 3.4　微宇宙模拟实验装置实物图

3.3.2　模拟实验

暴露源制备：称取 5 等份的 DDTs 和 HCHs 固体样品（DDTs：0.2 g；HCHs：0.05 g），将每份 DDTs 和 HCHs 固体样品各放入 5 mL 的玻璃烧杯内，加入约 2 mL 丙酮并用不锈钢小勺充分搅拌使之溶解，之后放入通风橱内使溶剂挥发完全后，将底部均匀铺满暴露物质的玻璃烧杯放入装有土壤的 5 个广口瓶内，作为暴露物质的挥发源。

土壤样品制备：每个样品称取大约 3 g 湿重的土壤，置于直径大约为 29 mm 的塑料容器内，土样的厚度大约为 0.5 cm。总共 75 个土壤样品（5 个有机质水平，5 个采样时间点，3 个实验平行），置于暴露装置中。

微宇宙实验：土样室温（20 ℃～28 ℃）下在装置中暴露 72 天，在暴露的第 3，7，15，30，72 天依次从装置上拿掉一个广口瓶，并取出其中暴露的 15 个土壤样品。为监测空气浓度的动态变化，在各采样点当日将 2 片 1 cm×1 cm 的聚乙烯膜作为被动大气采样装置置于暴露体系中 6 h，以富集空气中的 DDTs 和 HCHs 污染物质。

3.4　微宇宙室内模拟实验 II：老化土壤实验

3.4.1　实验材料与装置

土样：本实验中所用土样来源与 3.3 节相同。把 5 种有机质含量不同的土壤样品放在高压灭菌锅中灭菌后，分别加入溶解了 HCHs、DDTs 的丙酮溶剂，搅拌均匀后，放置在通风橱内，待丙酮溶剂挥发完全后，将土样装入棕色细颈玻璃瓶内密封，在暗室内保存 15 个月，使之充分老化。

老化污染物质：老化用 HCHs 为购自天津渤海化工公司天津化工厂的工业品 HCHs（α –HCH 14.5%，β–HCH 4.6%，γ–HCH 22.1%，δ–HCH 58.9%）；暴露用 DDTs 为购自天津渤海化工公司天津化工厂的工业品 DDTs（*p, p*'–DDT 74.4%，*o, p*'–DDT 19.7%）。

微宇宙装置：本实验中所用装置与 3.3 节相同，具体可参照图 3.4。

3.4.2　模拟实验

土壤样品制备：将已经老化的 5 种不同有机质含量的土壤统一用有机质含量为 7.06%的土壤所制备的土壤悬液（1:100）接种后，调节含水量至 70%田间持水量。每个样品称取大约 1.5 g 湿重的土壤，置于直径大约为 29 mm 的塑料容器内，土样的厚度大约为 0.3 cm。总共 75 个土壤样品（5 有机质水平，5 个采样时间点，3 个实验平行），置于培养装置中。

微宇宙实验：土样室温（20 ℃～28 ℃）下在装置中培养 72 天，在培养的第 3，7，15，30，72 天依次从装置上拿掉一个广口瓶，并取出其中培养的 15 个土壤样品。为监测空气浓度的动态变化，在各采样点当日将 2 片 1 cm×1 cm 的聚乙烯膜作为被动采样装置置于暴露箱中 6 h，以富集从土壤挥发到空气中的污染物质。

3.5　样品分析与质量控制

3.5.1　土壤表征参数的测定

土壤的总有机碳、胡敏酸、富里酸及 pH 在之前的研究中已做过详细的相关表征（Pan 等，2007）

土壤的孔隙度用 ASAP 2010 BET（Brunauer–Emmett–Telle）N_2 表面积测定仪（Micromeritics，Norcross，GA）表征。

土壤的表面积则应用多点 BET 方法计算（Ismail 和 Rodgers，1992）。

土壤的总孔体积用相对压力（p/p_0）为 0.95 的条件下所吸附的 N_2 总体积代表。

土壤样品的田间持水量根据文献中方法测定（Fierer 和 Schimel，2002），简要而言，即将土壤在水中隔夜饱和，再在石英砂上排水 8 h，之后测定其中的含水量即为田间持水量。

3.5.2 土壤样品的提取与净化

总量提取：土壤样品在冷干器中冷干 72 h，之后用玛瑙研钵研磨成均一的细颗粒。称取 0.5 g（室内模拟实验样品）或 3 g（区域采集样品）的土壤样品加入 1 g 左右的无水硫酸钠混合均匀。混合样品置于索氏提取器内，用 90 mL 丙酮/二氯甲烷混合溶剂（1:1，体积比）在 72 ℃的恒温水浴中提取 15 h。之后将索氏提取液在旋转蒸发仪上旋蒸近干，将溶剂转换为 1 mL 的正己烷。

生物有效态提取（正丁醇提取）：取大约 0.5 g 干重的土壤样品，放入 50 mL 玻璃瓶中，加入 5 mL 正丁醇，摇匀后在振荡器上以 150 r/min 的强度震荡 24 h。提取完成后，将样品转移到 50 mL 离心管，以 3 000 r/min 离心 15 min。上清液中 OCPs 代表可被正丁醇提取的部分即生物有效部分，而残留在土壤中的为不可提取的或者说为锁定的组分。上清液在旋蒸仪上 80 ℃下旋蒸，浓缩到 1 mL 并将溶剂转换为正己烷。残余土样的提取方法同上文总量提取。

净化：浓缩后的样品提取液转移过柱净化，净化柱内填充 10 g 硅胶（100～200 目），用 30 mL 正己烷和 35 mL 二氯甲烷依次淋洗，只收集二氯甲烷的淋洗液，溶剂流速控制在大约 2 mL/min。然后将二氯甲烷淋洗液旋蒸近干，转换成 1 mL 正己烷溶剂，加入 125 μL 的 1 ppm[①]的 TCMX（四氯间二甲苯）作为内标，进行 GC–ECD 定量分析。

3.5.3 空气样品的提取与净化

空气被动采样器聚乙烯膜用 90 mL 丙酮溶剂在 72 ℃的恒温水浴中索氏提取 8 h。提取液再旋蒸近干转换为 1 mL 正己烷溶剂，加入 125 μL 的 1 ppm 的 TCMX 作为内标，进行 GC–ECD 定量分析。

3.5.4 DDTs 和 HCHs 测定

在 Agilent 6890 plus 气相色谱仪上进行，装备 ECD 检测器和 DB–5 毛细管柱（30 m（长度）×0.25 mm（内径）×0.25 μm（膜厚），J & K Scientific，U.S.A.），

① 1 ppm=10^{-6}。

气相色谱载气与辅气均为高纯氮，氮气流速 1 mL/min。进样口温度 220 ℃，检测器温度 280 ℃，采用不分流进样方式，进样量 1 μL，进样 0.75 min 后吹扫。采用程序升温：初始温度 50 ℃，以 10 ℃/min 的速度升温至 150 ℃，再以 3 ℃/min 的速度继续升至 240 ℃，保留 15 min。按保留时间定性，内标法峰面积定量。

3.5.5 质量控制

空白与平行：每 20 个土壤样品加入一个程序空白，程序空白为提取和净化约 1 g 的无水硫酸钠。空白样品的平均浓度作为背景在数据分析中扣除，用于剔除实验室本底的干扰。区域样品随机抽取总样品量的 25%来测定平行样，平行样之间的相对误差小于 30%则视为合格，如相对误差大于 30%，则该批次的所有样品重新进行提取、净化和测定。室内模拟实验所有样品均有三个平行样。

标准曲线：样品测试前作标准曲线（标准曲线浓度系列为：10 ppb[①]、20 ppb、50 ppb、100 ppb）。测试过程中每批样品（20 个左右）用标样校准曲线。

方法回收率：方法回收率和检测限是数据处理和分析时重要的校核参数。方法回收率的测定方法为同时分析 3 个空白样品、3 个基质样品、3 个基质样品加 OCPs 标样（500 ppb）。该研究中土壤样品前处理方法中 DDTs 和 HCHs 的回收率见表 3.3 和表 3.4。回收率在 60%以上的方法被认为是可靠的。回收率的计算公式为：

$$\text{方法回收率} = \frac{C_{\text{基质+标样}} - C_{\text{基质}}}{C_{\text{标样}}} \times 100\%$$

表 3.3 DDTs 的总量提取方法回收率

参数	*p*, *p*'–DDT	*p*, *p*'–DDE	*p*, *p*'–DDD	*o*, *p*'–DDT	*o*, *p*'–DDE	*o*, *p*'–DDD
回收率/%	92.2	73.8	86.3	88.1	96.5	75.0

表 3.4 HCHs 的总量提取方法回收率

参数	α–HCH	β–HCH	γ–HCH	δ–HCH
回收率/%	80.2	82.5	69.6	77.9

检测限：仪器检测限（IDL）和方法检测限（EMDL）的计算参照文献中的方法（Vanderford 等，2003），该研究中 DDTs 和 HCHs 的 IDL 和 EMDL 见

① 1 ppb=10^{-9}。

表 3.5 和表 3.6。简述如下：1 μL OCPs 标准溶液（2.67 ng/mL α–HCH、0.40 ng/mL β–HCH、0.60 ng/mL γ–HCH、0.31 ng/mL δ–HCH、2.0 ng/mL *p, p*'–DDE、2.0 ng/mL *p, p*'–DDD、2.0 ng/mL *p, p*'–DDT、2.0 ng/mL *o, p*'–DDE、2.0 ng/mL *o, p*'–DDD、2.0 ng/mL *o, p*'–DDT）按照与样品测定条件完全相同的色谱条件重复进样 10 次，计算标准偏差 *SD*。

表 3.5 DDTs 的仪器检测限和方法检测限

检测限	*p, p*'–DDT	*p, p*'–DDE	*p, p*'–DDD	*o, p*'–DDT	*o, p*'–DDE	*o, p*'–DDD
IDL/（$ng \cdot mL^{-1}$）	0.25	0.07	0.14	0.40	0.04	0.10
EMDL/（$ng \cdot g^{-1}$）	2.75	1.03	1.63	4.53	0.41	1.38

表 3.6 HCHs 的仪器检测限和方法检测限

检测限	α–HCH	β–HCH	γ–HCH	δ–HCH
IDL/（$ng \cdot mL^{-1}$）	0.01	0.04	0.02	0.06
EMDL/（$ng \cdot g^{-1}$）	0.17	0.45	0.32	0.80

IDL 和 EMDL 计算公式如下：

$$\text{IDL(ng/mL)} = SD \times t_{95}$$

其中，*SD* 为标准偏差；t_{95} 为 *t* 检验在 95%水平置信限。

$$\text{EMDL(ng/g)} = \frac{\text{IDL} \times 100 \times V}{M \times \text{Rec\%}}$$

其中，*V* 为样品的体积（mL）；*M* 为样品的分析质量（g）；Rec 为方法回收率。

3.5.6 其他参数测定

正辛醇–空气分配系数（K_{oa}）：我们采用气象色谱保留时间间接测定的方法（Su 等，2002；Wania 等，2002），以 *p, p*'–DDT 作为参考的标准化合物，测定了 DDTs 和 HCHs 的其他 9 种同分异构体 *p, p*'–DDE、*p, p*'–DDD、*o, p*'–DDT、*o, p*'–DDE、*o, p*'–DDD、α–HCH、β–HCH、γ–HCH、δ–HCH 在不同温度下的 K_{oa}，具体数据参见表 3.7。测定方法的详细步骤请参照已发表的论文（Zhang 等，2009）。

表 3.7 DDTs 和 HCHs 的 10 种同系物在不同温度下的正丁醇–空气分配系数 $\lg K_{oa}$

同系物	5 ℃	10 ℃	20 ℃	25 ℃	30 ℃	40 ℃
p, p'–DDT	10.91	10.62	10.06	9.80	9.54	9.06
p, p'–DDE	10.34	10.07	9.54	9.29	9.04	8.58
p, p'–DDD	10.66	10.38	9.83	9.58	9.33	8.85

续表

同系物	5 ℃	10 ℃	20 ℃	25 ℃	30 ℃	40 ℃
o,p'–DDT	10.58	10.30	9.76	9.51	9.26	8.79
o,p'–DDE	10.03	9.76	9.25	9.01	8.78	8.33
o,p'–DDD	10.36	10.08	9.55	9.30	9.06	8.60
α–HCH	8.34	8.12	7.70	7.50	7.31	6.94
β–HCH	8.70	8.47	8.02	7.81	7.61	7.22
γ–HCH	8.58	8.35	7.92	7.72	7.52	7.14
δ–HCH	8.95	8.71	8.25	8.03	7.82	7.42

3.5.7 实验试剂、器皿和仪器设备

药品：

硅胶（国药集团化学试剂有限公司，层析用，100～200 目）在马弗炉中 450 ℃煅烧 4 h 以除去有机杂质，每次使用前须在 130 ℃活化 16 h。

无水硫酸钠（北京化学试剂公司，分析纯）使用前需在马弗炉中 450 ℃煅烧 4 h 以除去有机杂质，待降温后保存于干燥器中。

试剂：

有机溶剂：正己烷、二氯甲烷、丙酮等有机溶剂（北京化学试剂公司，分析纯），使用前须进行重蒸馏（有机实验常用的常压蒸馏设备，采用电热套加热，由变压器控制其功率大小）以去除杂质，弃掉 10%的前馏分和 10%的后馏分。

标样和内标：α–六六六（α–HCH）、β–六六六（β–HCH）、γ–六六六（γ–HCH）、δ–六六六（δ–HCH）、*p,p*'–滴滴涕（*p,p*'–DDT）、*p,p*'–滴滴滴（*p,p*'–DDD）、*p,p*'–滴滴异（*p,p*'–DDE）、*o,p*'–滴滴涕（*o,p*'–DDT）、*o,p*'–滴滴滴（*o,p*'–DDD）、*o,p*'–滴滴异（*o,p*'–DDE），购于美国 Aeeustandards 公司；内标 2，4，5，6–四氯间二甲苯（2，4，5，6–tetrachloro–m–xylene，TCMX），购于美国 Aeeustandar 公司；回收率指示物标样 PCB–209，购于美国 Ultraseientifle 公司。标样和内标均密封于棕色玻璃瓶中，在–18 ℃保存。

玻璃器皿及其他：

索氏提取器、平底瓶（100 mL、200 mL）、茄形瓶（100 mL）、层析柱（长 35 cm，内径 1 cm）、量筒（100 mL、50 mL、25 mL、10 mL）、烧杯（500 mL、100 mL、50 mL、10 mL、5 mL）、旋转蒸发仪转接头、GC 自动进样的样品瓶及衬管、漏斗、玻璃棒、胶头滴管。GC 自动进样的样品瓶及指管使用前在 450 ℃高温煅烧 4 h。所有玻璃器皿一次使用后均先超声清洗，然后用重铬酸钾–浓硫

酸洗液浸泡过夜，经自来水和去离子水冲洗后在烘箱中烘干备用，或者超声清洗后经自来水和去离子水冲洗，然后在烘箱 450 ℃高温下煅烧 6 h 后备用。

自动加样枪及枪头、微量进样器、一次性塑料离心管（1 mL）、铜网筛（70 目）、坩埚、药匙、乳胶手套、布手套、密封袋、玻璃纤维滤纸、脱脂棉、铝箔等。玻璃纤维滤纸和脱脂棉使用前用二氯甲烷和丙酮（1:1，体积比）索氏提取 24 h。

仪器设备：

研磨仪（德国 Fritsch，pulverisette 2，配玛瑙研钵及研杵）、电子天平（德国，SartΦrius，0.1 mg～110 g）、旋转蒸发仪（上海申生科技有限公司，R–201 旋转蒸发仪）、离心机（TDL–5）、TOC 测定仪（Dioxin TOC–5000A）、超声波清洗器（昆山市超声仪器有限公司，KQ–500B 型）、气相色谱仪（美国 Agilent 6890 plus，配 Agilent5973 型质谱检测器和 Agilent7683 型自动进样器，HP–5 石英毛细管色谱柱：30 m×0.32 mm，ID×0.25 μm 液膜厚）、振荡器、烘箱等。

3.6 数据处理

实验数据的一般性整理和分析采用 Microsoft Excel 2003；

数据的统计分析，如偏度－峰度正态检验、回归分析、Pearson 相关分析等，采用 SPSS 10.0 统计软件（SPSS 10.0，Chicago，IL）；

采用 Surfer（v.7.02，Surface Mapping System）软件，选用普通克里格插值方进行地图绘制；

数据拟合在 Sigma Plot 10.0（San Jose，CA，US）上实现。

第4章　海河平原表土中 DDTs和HCHs残留特征

HCHs（α–HCH，β–HCH，γ–HCH，δ–HCH，其总和∑HCHs）和 DDTs（*p*,*p*'–DDT，*p*,*p*'–DDE，*p*,*p*'–DDD，其总和∑DDTs）是在中国历史上曾经被大量生产和广泛施用的两类典型的OCPs。据估算，在1950—1983年间，中国HCHs和DDTs的生产总量分别高达4 000 kt和460 kt，其中大部分应用在农业生产中（Li和Macdonald，2005）。因此，在各种环境介质、生态系统及人体组织中都曾经检测到高浓度水平的HCHs及DDTs残留（Turusov等，2002；Willett等，1998）。

由于OCPs的强疏水性，它们与天然有机质之间具有很强的亲和力，而有机质又是土壤的重要组分，所以土壤是OCPs在环境中的最重要的汇之一（Tao等，2003；Wania和Mackay，1999b）。海河平原（环渤海东部地区）是中国境内人口密度最高的区域之一，它覆盖了北京、天津、河北以及山东的部分地区，总人口超过1.3亿。该区域内有很多工业化城市，其中包括北京、天津、唐山、石家庄、济南、淄博和保定，这些城市分布着众多的生产农药的化工厂。另外，该区域内的农业也极其发达，在历史上曾经有大量的农药被施用到区域内面积广大的农田中。因此，海河平原区域的环境受到了OCPs的严重污染，尤其是土壤。

曾经有研究者对海河平原区域内的OCPs污染做过数次调查，调查研究涉及的区域中，面积小到一个单一的果园，大到一个2万平方千米的区域（Gong等，2004；Gong等，2003；Li等，2005；Piao等，2004；Shi等，2005；Tao等，2005；Wang等，2006b；Wang等，2007；Wang等，2008；Wang等，2006d；Zhang等，2005a；Zhang等，2004a；Zhang等，2004b；Zhang等，2006b；Zhao等，2005a；Zhao等，2005b；Zhu等，2005）。

现在，尽管OCPs已经在中国被禁用了几十年，可是近年来仍然不断有研究报道中国包括海河平原在内的很多地区表层土壤中仍然能够检测到较高浓度水平的OCPs残留。有很多研究者怀疑中国表层土壤中较高的OCPs残留可能与非法的DDTs施用有关，但是中国区域内是否存在DDTs的新源输入还有待进一步的调查和研究进行确认。

因此，为了更深入地分析和探讨残留在表层土壤中的OCPs的来源以及影响它们在环境中行为与归趋的重要因素，我们对整个海河平原表层土壤的OCPs 残留数据进行了深入的分析和讨论，研究内容包括表层土壤 HCHs 和 DDTs 残留浓度水平、污染物土壤残留的影响因素、污染物组成及来源新旧识别，以及残留污染物的气土交换。

4.1 表土及空气中 HCHs 和 DDTs 的残留浓度水平

4.1.1 表土中的 HCHs 和 DDTs 残留浓度

海河平原 302 个表土样品中 HCHs 和 DDTs 的各同分异构体残留浓度经过对数转换之后均符合正态分布（图 4.1）。表 4.1 中列出了所有化合物浓度总体分布

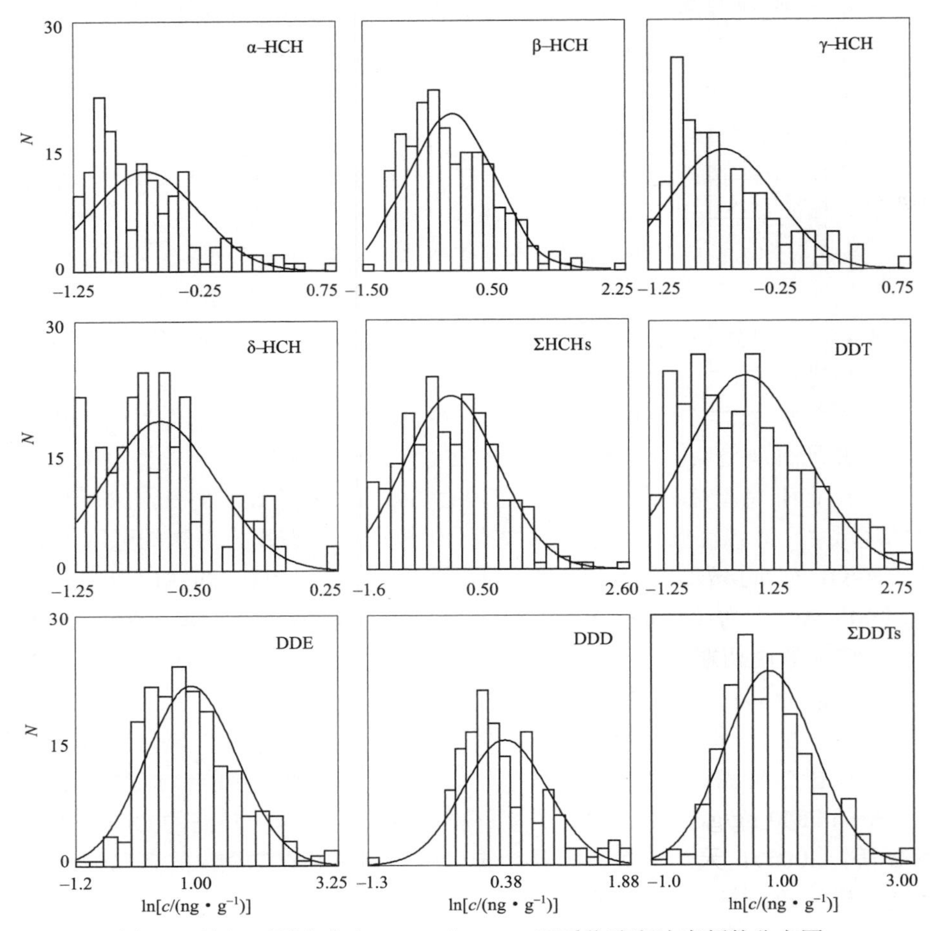

图 4.1 海河平原表土中 HCHs 和 DDTs 同系物残留浓度频数分布图

的描述统计量，其中包括算术均值和标准差、几何均值、最小值和最大值以及各百分位数（P_{05}～P_{95}）。见表 4.1，海河平原表土样品中 HCHs 和 DDTs 各同系物的残留浓度算术均值及标准差依次为：（0.31±2.01）ng/g（α–HCH），（2.25±15.9）ng/g（β–HCH），（1.22±18.4）ng/g（γ–HCH），（0.11±0.53）ng/g（δ–HCH），（3.90±26.0）ng/g（∑HCHs），（12.8±56.5）ng/g（*p*, *p*'–DDT），（48.7±212）ng/g（*p*, *p*'–DDE），（2.09±7.60）ng/g（*p*, *p*'–DDD），（63.6±256）ng/g（∑DDTs）。

表 4.1 海河平原表土样品中 HCHs 和 DDTs 同系物残留浓度算术均值及标准差（ng/g，*n*=302）

化合物	平均值±标准差	几何均值	Min	Max	百分位数值						
					P_{05}	P_{10}	P_{25}	P_{50}	P_{75}	P_{90}	P_{95}
α–HCH	0.31±2.01	0.049	N.D.	25.5	0.002	0.011	0.025	0.053	0.112	0.220	0.517
β–HCH	2.25±15.9	0.195	N.D.	239	0.017	0.029	0.077	0.190	0.519	1.38	2.70
γ–HCH	1.22±18.4	0.036	N.D.	317	0.003	0.010	0.019	0.038	0.080	0.160	0.296
δ–HCH	0.11±0.53	0.012	N.D.	8.48	0.000	0.001	0.005	0.015	0.061	0.213	0.451
p, *p*'–DDT	12.8±56.5	1.83	0.06	661	0.227	0.279	0.535	1.49	3.47	15.4	32.7
p, *p*'–DDE	48.7±212	5.26	0.07	2 140	0.469	0.663	1.340	4.01	11.5	77.6	172
p, *p*'–DDD	2.09±7.60	0.33	N.D.	95.9	0.021	0.031	0.095	0.300	0.869	3.66	6.33
∑HCHs	3.90±26.0	0.44	0.02	349	0.084	0.109	0.186	0.376	0.825	1.89	4.46
∑DDTs	63.6±256	8.68	0.40	2 350	0.964	1.32	2.50	6.47	16.8	93.9	268
SOC	0.76±0.60	0.57	0.02	4.92	0.158	0.215	0.402	0.632	0.96	1.43	1.73

N.D.：浓度未检出。

曾有研究报道，2003 年从海河平原区域内的 7 个县采集的土壤样品中∑HCHs 和∑DDTs 的残留浓度算术均值和标准差分别为（4.01±2.21）ng/g 和（11.2±17.3）ng/g（Zhao 等，2005a；Zhao 等，2005b）。同年，另外一个对北京地区 OCPs 土壤残留调查的研究报道，∑HCHs 和∑DDTs 的残留浓度算术均值和标准差分别为（1.47±3.20）ng/g 和（77.2±516）ng/g（Zhang 等，2006b）。尽管 OCPs 禁用初期即 20 世纪 80 年代关于 OCPs 残留的报道很少，但是从有限的历史数据还是可以看出土壤中的 OCPs 残留水平随时间变化有显著的下降趋势。例如，1993 年对从北京郊区的某果园中采集的 17 个表土样品中 OCPs 残留分析显示，∑HCHs 和∑DDTs 分别高达（1 484±2 437）ng/g 和（4 280±6 054）ng/g，而到 2003 年时则降为（135±222）ng/g 和（951±861）ng/g（Shi 等，2005）。天津地区各环境介质中林丹的归趋模拟研究也显示了类似的下降趋势（Tao 等，2006）。总之，由于 HCHs 和 DDTs 等 OCPs 的禁用，不再有大量的农药输入环境中，土壤中的农药残留将会继续持续降低。

4.1.2 空气中的 HCHs 和 DDTs 浓度

研究区域的空气浓度数据由在北京采集的 31 个大气样品获得，各化合物的空气浓度算术均值和标准差见表 4.2。空气样品的采集和测定方法参照文献（Liu 等，2007）。

表 4.2 海河平原空气中 DDTs 和 HCHs 各同系物的浓度均值及标准差 ng · m^{-3}

参数	*p*, *p*'–DDT	*p*, *p*'–DDE	*p*, *p*'–DDD	α–HCH	β–HCH	γ–HCH	δ–HCH
均值	6.40×10^{-9}	1.46×10^{-9}	2.77×10^{-10}	3.27×10^{-9}	1.66×10^{-9}	2.70×10^{-9}	3.57×10^{-9}
标准差	5.39×10^{-9}	2.44×10^{-9}	1.13×10^{-9}	1.28×10^{-9}	1.22×10^{-9}	8.47×10^{-10}	1.05×10^{-9}

4.2 HCHs 和 DDTs 土壤残留的地理分布

基于所有土壤样品的 OCPs 残留浓度测定，我们绘制了土壤有机质含量（SOC）、∑HCHs 以及∑DDTs 的空间分布图（图 4.2）。尽管我们掌握了所有样点的土地利用、植被、土地类型、地表特征以及灌溉等详细数据记录，并且对它们和土壤浓度的关系进行了仔细的分析，但是并没有发现这些物理特征参数与土壤 OCPs 残留浓度之间有显著的关联。较高的残留浓度一般都分布在区域内主要城市的边缘地带。表土的污染主要来源于两个方面，即农业上的直接施用以及农药厂的排放。与其他国内局部区域类似，大城市的周边地区通常是具有密集的蔬菜种植的农业集中区，而每单位菜田的农药施用量远高于生产谷物的稻田。另外，所有的 OCPs 工厂都集中在主要城市的市郊，其中包括天津、北京、石家庄和邯郸。因此，城市郊区的土壤就成为 HCHs 和 DDTs 污染最严重的地方。

经过分析发现，表土的 SOC 与 OCPs 的残留浓度之间有显著的正相关关系。所有样点的 OCPs 残留浓度数据与 SOC 经过对数转换后，对它们进行 Pearson 相关分析，结果表明它们之间存在显著的正相关关系∑HCHs（$p<0.000$）和∑DDTs（$p=0.045$）（图 4.3）。有很多已有的研究曾经发现 POPs 的土壤残留浓度与 SOC 之间存在正相关关系。例如，研究者曾发现亚热带大西洋地区的 Teide 山区的表土中的∑HCHs 和∑DDTs 分布与 SOC 之间有显著的相关关系（Ribes 等，2002）；还有研究者在对天津地区的有机污染物归宿的多介质模型研究中发现，沉降速率和 SOC 是控制土壤中菲的空间分异的最重要的因素（Tao 等，2003）。我们的研究结果与上述研究结果的一致性充分表明，SOC 是影响 OCPs 土壤残留分布的重要因素。

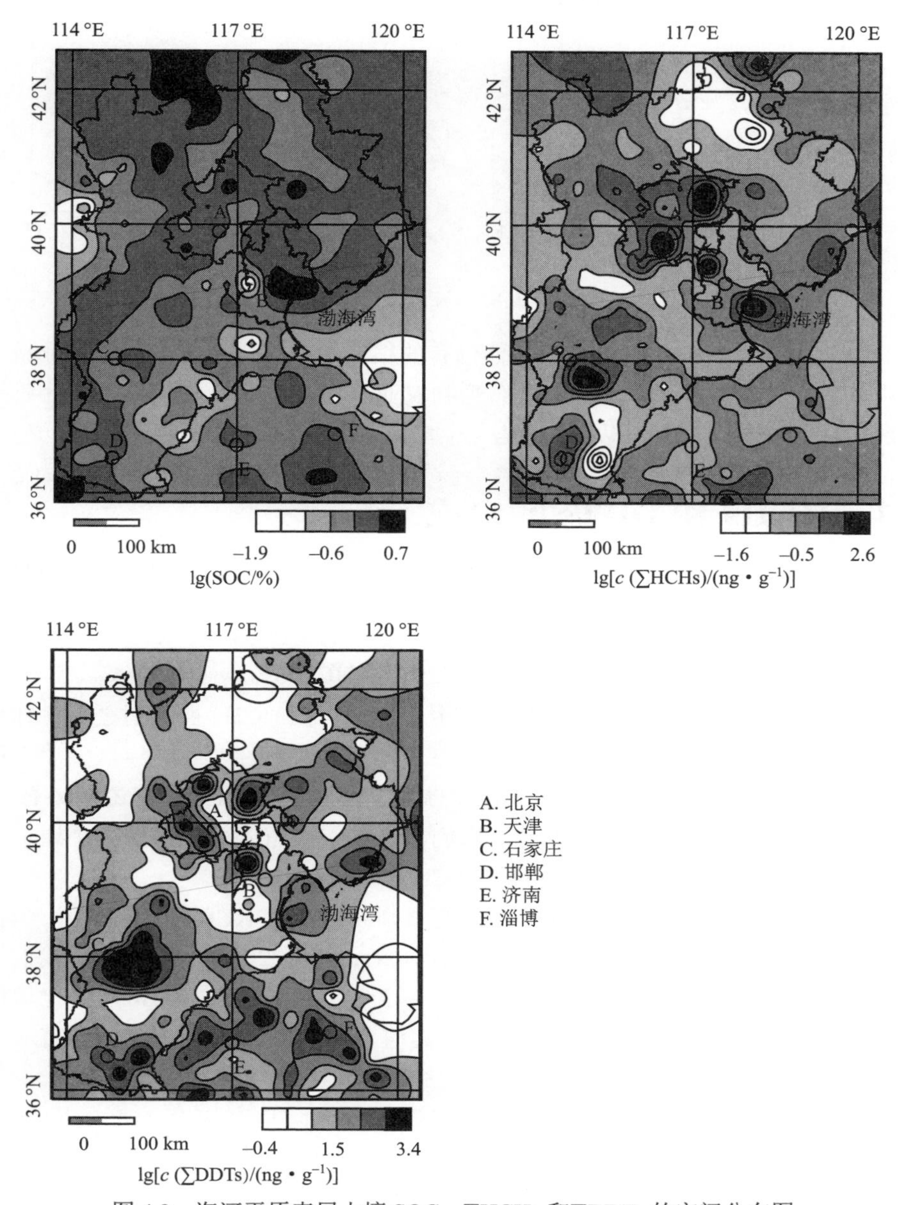

图 4.2　海河平原表层土壤 SOC、∑HCHs 和∑DDTs 的空间分布图

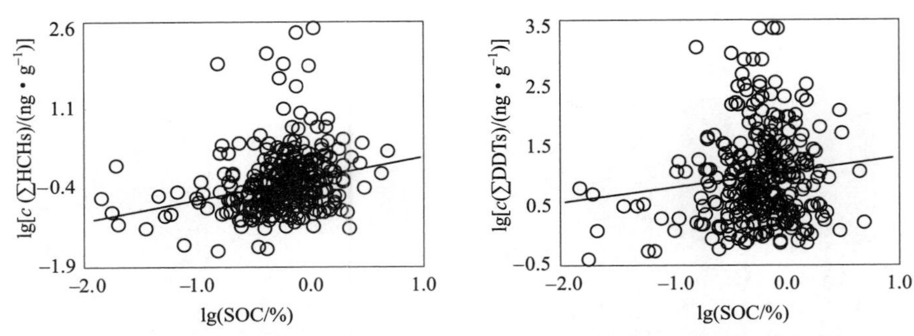

图 4.3 表土的有机质含量（SOC）与∑HCHs、∑DDTs 之间的相关关系

总之，结合本研究结果以及其他已有的很多的研究结果支持，可以推断表土中的∑HCHs、∑DDTs 的地理分布受到农业施用、工业排放以及土壤性质等情况的综合制约，其中尤以 SOC 是一个重要的影响因素。

4.3 HCHs 和 DDTs 的组成

4.3.1 HCHs 的组成

在中国，工业 HCHs 混体（α–HCH 71%，β–HCH 6%，γ–HCH 14%，δ–HCH 9%）在 1950—1980 年初期被大规模施用于农业。在 HCHs 被禁用之后，林丹（γ–HCH 99.9%）则继续使用了数十年（Lin，1996）。直到 2000 年，天津大沽化工厂才停止生产工业 HCHs 混体和林丹（中国化工部，1992）。由于α–HCH 和β–HCH 在环境中持久性的差异，它们在土壤中残留浓度比值的大小通常被用来评价工业 HCHs 混体的施用历史（Chessells 等，1988）。

Wang 等最近根据α–HCH/β–HCH 的值判断，虽然 HCHs 已被禁用，但在某些遥远偏僻的地方仍然被非法继续使用（Wang 等，2007）。然而，在我们的研究区域，大部分样品（302 个样品中有 293 个）的α–HCH/β–HCH 的比值低于 2.1，而在工业混体中的比值为 11.8。比值大于 2.1 的 10 个样品中，有 8 个∑HCHs 浓度至少比所有样品的平均值（3.9 ng/g）低一个数量级。只有一个采集于天津大沽化工厂附近的样品（L11，图 4.4）具有较高浓度的∑HCHs（349 ng/g）和较高的α–HCH/β–HCH 值（3.0），而这个化工厂在 2000 年之前的几十年一直在生产 HCHs 工业混体和林丹。

我们的结果表明，最近几年在海河平原不太可能有持续的较大规模的 HCHs 的施用。海河平原表土中γ–HCH 的比例由工业混体中的 13.7% 增加至 31.3%，可能是以下两方面的原因造成的：在 1983 年 HCHs 混体被禁用后的

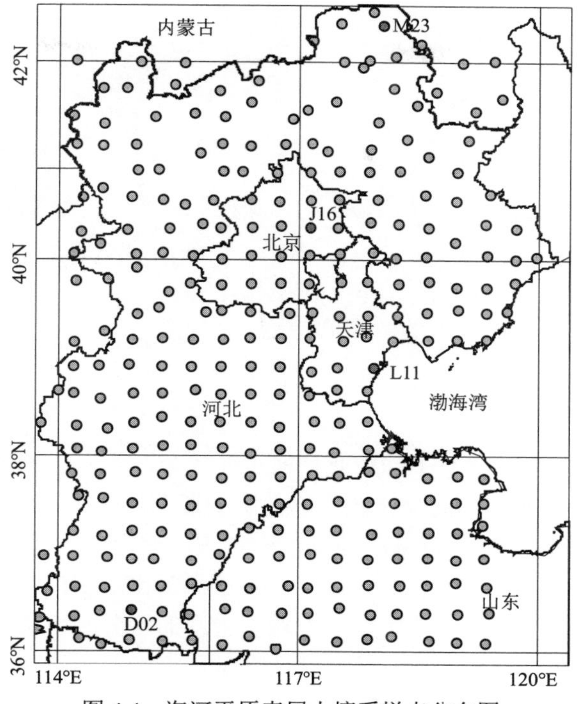

图 4.4　海河平原表层土壤采样点分布图

10 年中，林丹仍在被继续使用；γ–HCH 在环境中的降解速率显著低于α–HCH（Chessells 等，1988）。事实上，土壤中的γ–HCH 的浓度也降低了大约一个数量级。因此，综合考虑 HCHs 的组成以及在表土中的残留浓度水平，可以推断海河平原区域最近几年不可能有工业 HCHs 和林丹的新鲜输入。

值得注意的是，lg(α–HCH/β–HCH) 与 lg(∑HCHs) 之间有显著的负相关关系（图 4.5），Pearson 相关系数（r）为 0.366（n=302，p＜0.001）。去掉两个异常值（M23 和 L11，图 4.4）之后，r 增加为 0.512（n=300，p＜0.001）。类似的负相关关系也存在于 lg（γ–HCH/∑HCH）和 lg（∑HCHs）之间（r=0.285，n=302，p＜0.001）。它们之间的负相关关系表明，α–HCH/β–HCH 和γ–HCH/∑HCHs 值的大小不仅由 HCHs 工业混体在环境中存留时间的长短决定，同时也受到施用总量以及历史施用持续时间的影响。它们之间的相关关系同时还表明，单一地依靠α–HCH/β–HCH 或者类似的比值不能准确地区分历史施用和新鲜施用。HCHs 同分异构体的比值与残留浓度水平结合起来能较为准确地确认 HCHs 的新鲜输入是否存在，但这还需要进一步的研究去证实，并且需要尽可能地发展一套科学的定量程序。

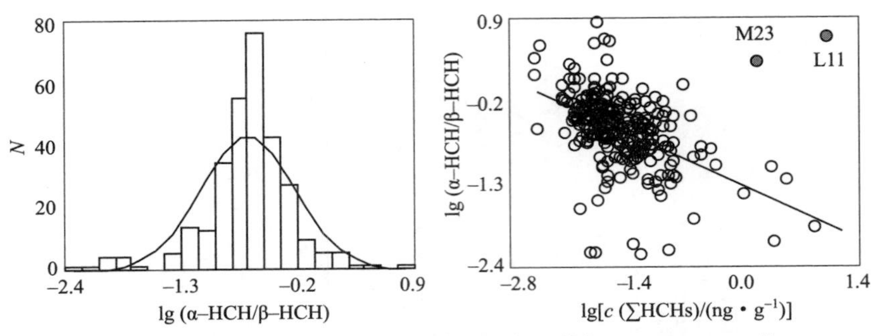

图 4.5 lg(α–HCH/β–HCH) 的频数分布及其与 lg[c(∑HCHs)]的相关关系（图中灰色点为异常值）

4.3.2 DDTs 的组成

DDT 是农业施用的 DDTs 工业品的主要成分，约占总量的 95.2%。DDT 被施用到环境中后在不同的氧化还原条件下会逐渐转化成 DDE 或者 DDD，因此 DDT 和它的代谢产物残留浓度的比值同样也能够提供一些与 DDT 施用历史相关的信息。一般来说，较高的 DDT/DDE 或者 DDT/∑DDTs 值表明较新鲜的 DDT 施用，而且 0.5 一般常被作为一个较为主观的区分判断历史施用和新鲜输入的数值。基于这些比值，一些研究判定在本研究涉及的区域内最近存在可疑的新鲜 DDT 施用（Shi 等，2005；Wang 等，2007）。但是，与此相反，本研究提供的证据并不支持他们所做的判断。

本研究中所有采集来的土壤样品中，*p*, *p*'–DDT、*p*, *p*'–DDE 和 *p*, *p*'–DDD 的平均比例分别为 20.1%、76.6%和 3.3%，在多数的样品中，*p*, *p*'–DDE 是优势化合物。在所有的 302 个土壤样品中，只有 9 个样品的 *p*, *p*'–DDT/*p*, *p*'–DDE 大于 2.0。然而，它们中有 7 个∑DDTs 浓度（0.8～4.1 ng/g）远远低于总体的均值（63.3 ng/g）。另外 2 个目前无法给出合理解释的样品分别为 J16 和 D02（图 4.4），它们的∑DDTs 浓度分别为 735 和 282 ng/g，*p*, *p*'–DDT/*p*, *p*'–DDE 值分别为 3.0 和 2.3。

显然，在本研究区域内，除了几个需要进一步详细调查研究才能弄清楚情况的孤立的样点之外，对整个区域而言极不可能存在较大范围的新鲜的 DDT 施用。与∑HCHs 一样，对数正态分布的 *p*, *p*'–DDT/ *p*, *p*'–DDE 与∑DDTs 之间也存在负相关关系（图 4.6）。在不去掉任何异常值的情况下，它们之间的 Pearson 相关系数为 0.266（n=302，$p<0.001$），去掉 7 个异常值（图 4.6 中的灰色圆点）后，相关系数变为 0.399（n=295，$p<0.001$）。与前述对 HCHs 的分析类似，它们之间的相关关系也同时表明施用时间的长短不是影响 *p*, *p*'–DDT/*p*, *p*'–DDE 值的唯一因素，历史施用农药的总量以及持续时间也可能同样重要，

单一的依靠 p, p'–DDT/ p, p'–DDE 或者类似的比值不能准确地区分历史施用和新鲜施用，但这还需要进一步的研究去证实，并且需要尽可能地发展一套科学的定量程序。

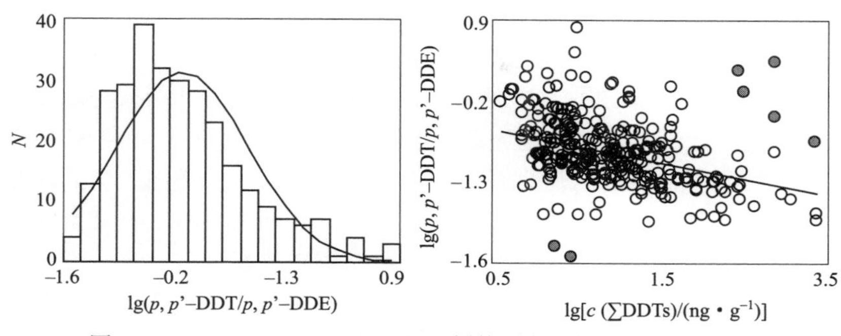

图 4.6　lg(p, p'–DDT/ p, p'–DDE) 频数分布及其与 lg[c(∑DDTs)]之间相关关系（图中灰色点为异常值）

4.4　土壤中 HCHs 和 DDTs 的气–土交换

前期的研究中我们已经发现表土中的 OCPs 残留基本上都均一地分布在近地表的 0～30 cm 的耕作层，因此我们估算了残留在研究区域整个 3 万平方千米面积（排除了 5%的水域）的表层土壤（0～30 cm）中的农药总量，结果分别为（430±110）t（∑HCHs），（6 100±760）t（∑DDTs）。历史上，中国在 1950—1983 年间，HCHs 和 DDTs 的生产总量分别高达 4 000 kt 和 460 kt，其中大部分应用在农业生产中（Li，1999）。尽管研究区域的详细农药施用量无法获得，但是根据该区域谷物和蔬菜的产量分别占全国总量的 8.6%和 18.5%，可以大致估算出该区域内历史上累计施用了几十万吨的 HCHs 和上万吨的 DDTs。DDTs 在环境中的持久性比 HCHs 要高大约两个数量级。尽管残留在土壤中 HCHs 和 DDTs 只占总输入量的很小一部分，并且它们目前在环境中残留浓度已经显著低于多年以前，但是由于它们在环境介质尤其是土壤中的持久性，它们仍将在环境中继续存留数十年甚至更久。

由于排放和使用的终止，积累了大量 OCPs 的土壤逐渐从一个主要的汇逐渐转变为一个重要的二次排放源。土壤向大气的挥发倾向可以用计算得出的各化合物在土壤和空气中的逸度来描述。根据测定的研究区域表土及大气中的∑HCHs 和∑DDTs 的浓度，我们套用公式（4.1）和（4.2）（Harner 等，2001）计算出各 OCPs 化合物在每个采样点的土壤逸度及整个区域的大气逸度平均值：

$$f_s = C_s RT /(0.41\Phi_{OM}K_{OA}) \tag{4.1}$$

$$f_a = C_a RT \tag{4.2}$$

其中，C_s和C_a分别是指化合物在土壤和空气中的浓度（mol/m^3）；R是气体常数（8.314 Pa·m^3/（mol·K））；T是绝对温度（K）；Φ_{OM}是土壤中有机质含量分数（1.7×Φ_{OC}）；K_{OA}是指化合物的正辛醇–空气分配系数。

α–HCH 和 p,p'–DDE 作为两个典型的例子，它们在海河平原表层土壤中的年平均逸度空间分布如图 4.7 所示。土壤逸度的空间分布模式与浓度分布相似，但是具有一定差异，这是因为逸度不仅与残留浓度有关，还和 SOC 有关。一般来说，残留量高但有机质含量低的点位，污染物从土壤向大气的挥发倾向较大。由于同样的原因，有机质含量高的土壤在农药施用时期有利于农药的累积，但是在农药被禁用之后却不利于它们从土壤中挥发释放，这一点在本书的第 7 章中有详细论述。对于α–HCH 来说，研究区域表土中的年平均逸度范围为 9.30×10^{-12}～9.94×10^{7} Pa，中值为 4.17×10^{-9} Pa。与之对比，大气中的α–HCH 的平均逸度为 3.27×10^{-9} Pa，低于 41%的表土采样点的土壤逸度。对于 p,p'–DDE 来说，研究区域表土中的年平均逸度为 1.71×10^{-10} ～ 8.05×10^{-6} Pa，中值为 9.45×10^{-9} Pa，有 85%的表土采样点的 p,p'–DDE 土壤逸度高于大气中的平均逸度 1.46×10^{-9} Pa。图 4.7 中的轮廓线表示土壤逸度和空气逸度相等，深色区域内污染物从土壤向大气净挥发，浅色区域内污染物从大气向土壤净沉降。

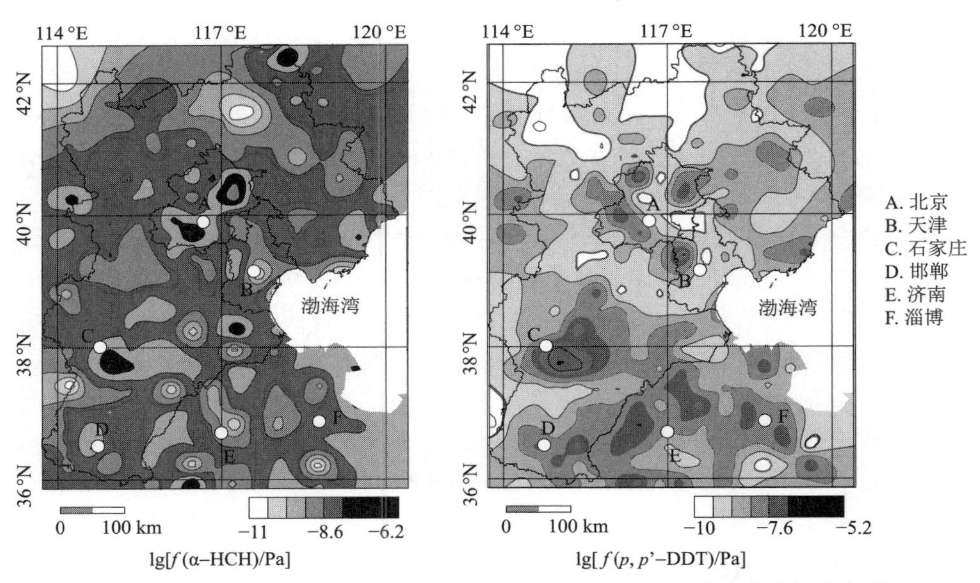

图 4.7 海河平原表层土壤中α–HCH 和 p,p'–DDE 的年平均逸度空间分布图

由于逸度具有依温性，我们同时也模拟了逸度和土–气界面的迁移通量的季节变化。在模拟计算中取 302 个土壤样品总体残留的中值。作为典型代表，

计算得到的每个月α–HCH 和 *p*, *p*'–DDE 从土壤向大气的迁移通量密度随时间的变化趋势如图 4.8 所示。实际上，所有 HCHs 的同分异构体及 DDTs 和其代谢产物的迁移通量密度都具有类似的随温度变化而产生的月际变化。土壤向大气的挥发通量峰值出现在七月和八月，表明夏季的挥发通量显著高于其他季节。

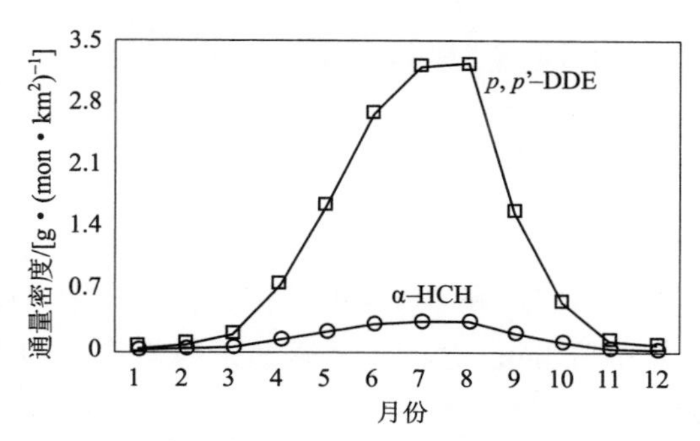

图 4.8　海河平原表层土壤中α–HCH 和 *p*, *p*'–DDE 土–气交换通量月际变化图

海河平原∑HCHs 和∑DDTs 从土壤向大气的年排放总量分别估算为 0.31 t 和 1.9 t，而它们在该区域土壤中的总残留量则分别为 430 t 和 6 100 t，两者相比，可以得出每年从土壤向大气的挥发量只占土壤总残留量的很少一部分，可以预计土壤中的 HCHs 和 DDTs 残留将在未来的数十年持续向大气挥发。另外，农药禁用多年之后仍然能从该区域大气中检测到 HCHs 和 DDTs 的各同系物，也证实了表土中 OCPs 残留向大气的挥发输送。

4.5　小结

（1）海河平原土壤中残留浓度∑DDTs 为（64±260）ng/g、∑HCHs 为（3.9±26）ng/g，整体污染水平比 1980 年下降了一个数量级。研究区域表土中的∑HCHs 和∑DDTs 的地理分布受到农业施用、工业排放以及土壤性质等因素的综合制约，其中土壤有机质含量的影响尤为重要，∑HCHs 和∑DDTs 的残留浓度与土壤有机质含量正相关。

（2）α–HCH/β–HCH 与∑HCHs、*p*, *p*'–DDT/*p*, *p*'–DDE 与∑DDTs 负相关，表明该区域内不可能存在普遍的 HCHs 和 DDTs 新源输入，它们之间的相关关系还表明施药时间的长短不是影响α–HCH/β–HCH 及 *p*, *p*'–DDT/ *p*, *p*'–DDE 值的唯一因素，历史施用的农药总量以及持续时间等其他因素也可能对比值有一定影响。

（3）区域气土逸度分析的结果表明，研究区域环境中 OCPs 从土壤向大气输送，土壤由原来 OCPs 的重要的汇转变成一个重要的挥发排放源，而土壤有机质含量也对土壤逸度有影响，有机质含量高不利于土壤中残留的 OCPs 的挥发释放。

第5章　土壤有机质对DDTs和HCHs的锁定作用

在上一章海河平原HCHs和DDTs的残留特征研究中，我们发现这两种农药的土壤残留地理分布与SOC之间有显著的正相关关系，表明在影响区域表土中HCHs和DDTs残留分布的诸多因素当中，土壤有机质是一个非常重要的影响因素。我们的微宇宙实验设计的目的就是针对区域研究中的发现，力图通过室内模拟实验深入探究土壤有机质对于OCPs土壤残留的影响机制。因此，本章拟通过分析微宇宙模拟实验中得到的数据，探讨和揭示土壤有机质的锁定作用对HCHs和DDTs在土壤中残留的影响。具体地，一方面，我们通过背景土壤暴露体系研究锁定作用对HCHs和DDTs土壤残留的影响；另一方面，我们通过老化土壤体系研究SOC对锁定比例的影响以及不同化合物之间的锁定程度差异。

5.1　背景土壤暴露体系

5.1.1　暴露体系内空气中HCHs和DDTs浓度的变化趋势

暴露实验开始后，由于暴露体系中放置有HCHs和DDTs的固体挥发源，各化合物不断由暴露源向体系内空气中挥发释放，导致其在空气中浓度的升高。暴露体系内的空气中，HCHs和DDTs的各同分异构体在各时间点的具体浓度及标准差参见表5.1。在整个暴露实验期间，α–HCH、β–HCH、γ–HCH、δ–HCH、*p*, *p*'–DDT和*o*, *p*'–DDT在各时间点空气浓度均值和标准差分别为：(11.2±2.46)、(0.32±0.28)、(65.1±23.3)、(28.2±8.57)、(0.33±0.13)和(1.01±0.32) ng/m^3，从第一个时间点（3天）到最后一个时间点（72天）的变幅分别为：–19.7%、–23.0%、95.9%、48.9%、–61.7%和–57.4%，从总体上来看，各化合物空气浓度变化的幅度不大。

表 5.1　暴露体系内空气中 HCHs 和 DDTs 各异构体在各时间点的浓度及标准差　$ng \cdot m^{-3}$

化合物	暴露时间/天				
	3	7	15	30	72
α–HCH	15.2±4.26	9.34±2.74	9.78±1.15	9.85±1.38	12.2±0.36
β–HCH	0.21±0.04	0.20±0.09	0.81±0.96	0.19±0.02	0.16±0.16
γ–HCH	45.0±9.51	41.7±9.60	59.8±7.92	90.7±28.95	88.1±0.95
δ–HCH	23.0±6.74	20.1±3.37	23.4±6.74	40.1±7.45	34.2±0.09
p, p'–DDT	0.55±0.10	0.33±0.08	0.29±0.09	0.29±0.13	0.21±0.01
o, p'–DDT	1.51±0.63	1.08±0.19	0.90±0.26	0.90±0.41	0.64±0.07

体系内 HCHs 和 DDTs 各同分异构体的空气浓度之间有较大差异，其中 HCHs 的各同分异构体除β–HCH 之外，空气浓度均显著高于 *p, p*'–DDT 和 *o, p*'–DDT，这与其自身的挥发性有紧密关系。从 HCHs 和 DDTs 各同分异构体的固体饱和蒸气压数值（表 5.2）来看，α–HCH、γ–HCH 和δ–HCH 的饱和蒸气压相互接近并且均高于 *p, p*'–DDT 和 *o, p*'–DDT 两个数量级，而β–HCH 与 *p, p*'–DDT 和 *o, p*'–DDT 的饱和蒸气压接近，这与我们实验的观测结果相吻合。

表 5.2　HCHs 和 DDTs 各同分异构体在 25 ℃下的固体饱和蒸气压　Pa

α–HCH	β–HCH	γ–HCH	δ–HCH	*p, p*'–DDT	*o, p*'–DDT
3.00E–03	4.00E–05	2.00E–03	—	2.00E–05	2.53E–05

5.1.2　暴露体系内土壤中 HCHs 和 DDTs 浓度的变化趋势

暴露土壤体系内，HCHs 和 DDTs 由暴露源挥发到大气中后，通过气土交换过程进入土壤。不同有机质含量土壤中 HCHs 和 DDTs 各同分异构的浓度随时间动态变化如图 5.1 所示。从图 5.1 可以看出，各不同有机质含量的土壤中 HCHs 和 DDTs 各同分异构体的浓度在初期（0～30 天）有显著增加趋势，到 30 天左右达到最大值，之后出现明显的下降趋势。具体地，在整个实验期间，0 天时α–HCH、β–HCH、γ–HCH、δ–HCH、*p, p*'–DDT 和 *o, p*'–DDT 在 5 种土壤中的浓度的平均值分别为 0.21、0.91、0.26、0.13、1.81 和 0.68 ng/g，到 30 天时则上升到 739.7、8.9、189.7、33.4、17.8 和 55.1 ng/g，到 72 天时则下降至 420.6、4.0、142.1、19.5、5.6 和 11.5 ng/g。

土壤浓度变化趋势表明，在初期时 HCHs 和 DDTs 各同分异构体由气相向土相输入，气土交换过程处于主导地位，土壤中的浓度因此逐渐增加；后期土壤浓度增高，气土交换过程变弱，生物降解的作用逐渐显著，土壤中生物有效态的污染物逐渐被降解，土壤浓度因而降低。

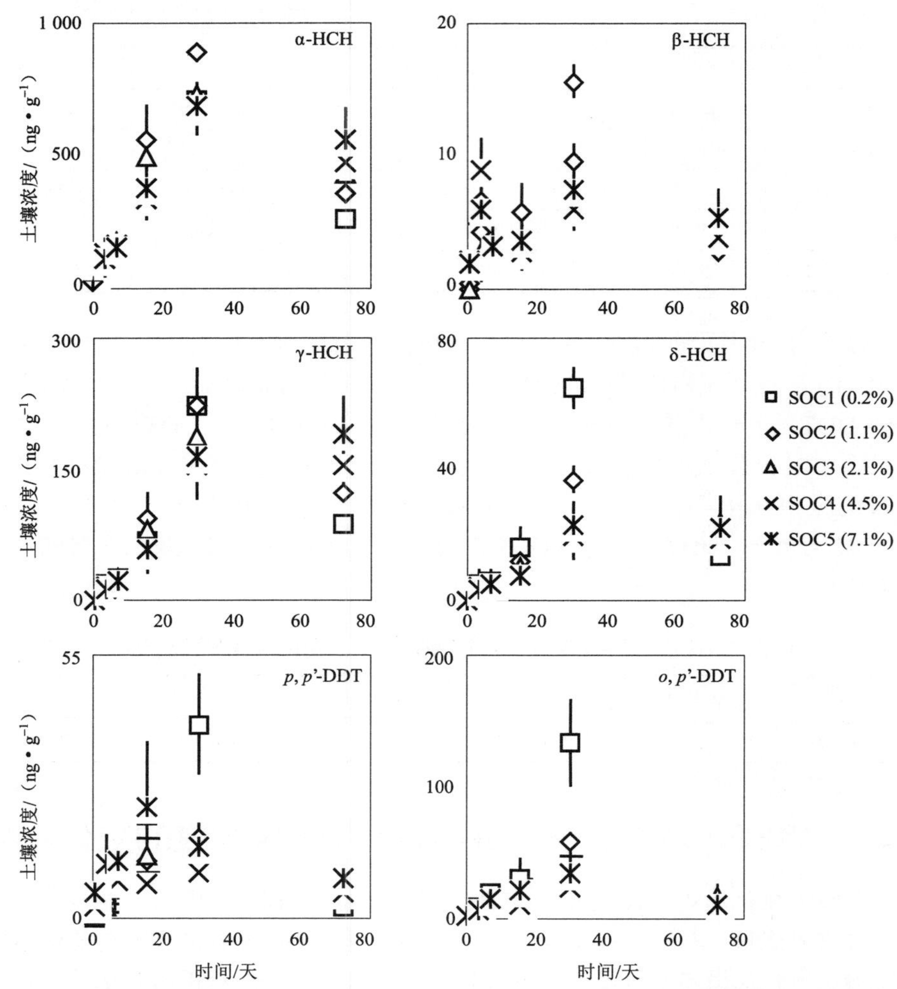

图 5.1 暴露体系内土壤中 HCHs 和 DDTs 同分异构体浓度随时间动态变化

5.1.3 暴露体系内 HCHs 和 DDTs 土壤浓度与 SOC 之间关系的动态变化

土壤中 HCHs 和 DDTs 浓度与 SOC 之间相关系数的变化反映了它们之间相关关系随时间的变化趋势。表 5.3 列出了各时间点 HCHs 和 DDTs 土壤浓度与 SOC 之间的相关分析结果。从表 5.3 中的数据可以看出一个普遍的趋势，即，前 30 天各化合物土壤浓度与 SOC 之间的相关关系表现为负相关关系增强的趋势，到 30 天时所有化合物与 SOC 的相关关系全部表现为负相关关系，而到 72 天时，除 *o, p*'–DDT 外，其他化合物与 SOC 均表现为较为显著的正相关关系。以α–HCH 和γ–HCH 为例，在第 3 天时，它们的相关系数分别为–0.006 和–0.372，到第 30 天时则变为–0.519 和–0.864，可是到第 72 天时则为 0.944 和 0.898。

表 5.3　暴露体系内各时间点土壤中 HCHs 和 DDTs 浓度与 SOC 之间的 Pearson 相关分析参数

化合物	相关分析参数	暴露时间/天				
		3	7	15	30	72
α–HCH	r	–0.006	–0.150	–0.445	–0.519	0.944*
	sig	0.992	0.809	0.453	0.370	0.016
β–HCH	r	0.419	0.317	–0.445	–0.605	0.772
	sig	0.482	0.603	0.453	0.280	0.126
γ–HCH	r	–0.372	–0.604	–0.672	–0.864	0.898*
	sig	0.538	0.281	0.214	0.059	0.039
δ–HCH	r	–0.475	0.098	–0.810	–0.709	0.484
	sig	0.418	0.876	0.097	0.180	0.409
p, p'–DDT	r	0.885*	0.850	0.163	–0.520	0.736
	sig	0.046	0.068	0.793	0.369	0.156
o, p'–DDT	r	0.213	–0.297	–0.483	–0.646	–0.007
	sig	0.731	0.628	0.410	0.239	0.991

* 在 0.05 置信度水平下显著相关。

土壤中 HCHs 和 DDTs 浓度与 SOC 之间相关关系在 30 天时和 72 天时的明显差异可以从图 5.2 中更直观地看到。在上一节中我们分析了土壤浓度的变化趋势，结果表明 30 天前以气相向土相的分配过程为主导，即土壤有机质的吸附作用主导，在此阶段土壤浓度不断增加，而在 30 天之后，由于微生物降解作用逐渐增强，土壤浓度出现显著下降的趋势，土壤有机质对各化合物的锁定作用逐渐凸显出来。

综合浓度变化及浓度与 SOC 的相关关系这两方面的信息，即，前期气土交换过程主导时，SOC 与浓度之间表现为负相关关系，后期生物降解作用主导时，它们的关系则转变为正相关关系，可以推断：HCHs 和 DDTs 各同分异构体在土壤中浓度的富集是气土分配过程的吸附作用和有机质的锁定作用共同作用的结果，其中锁定作用很可能是造成有机污染物土壤浓度与土壤有机质之间正相关关系的较为重要的机制，也很可能是造成 OCPs 在土壤中残留的持久性的重要机制。

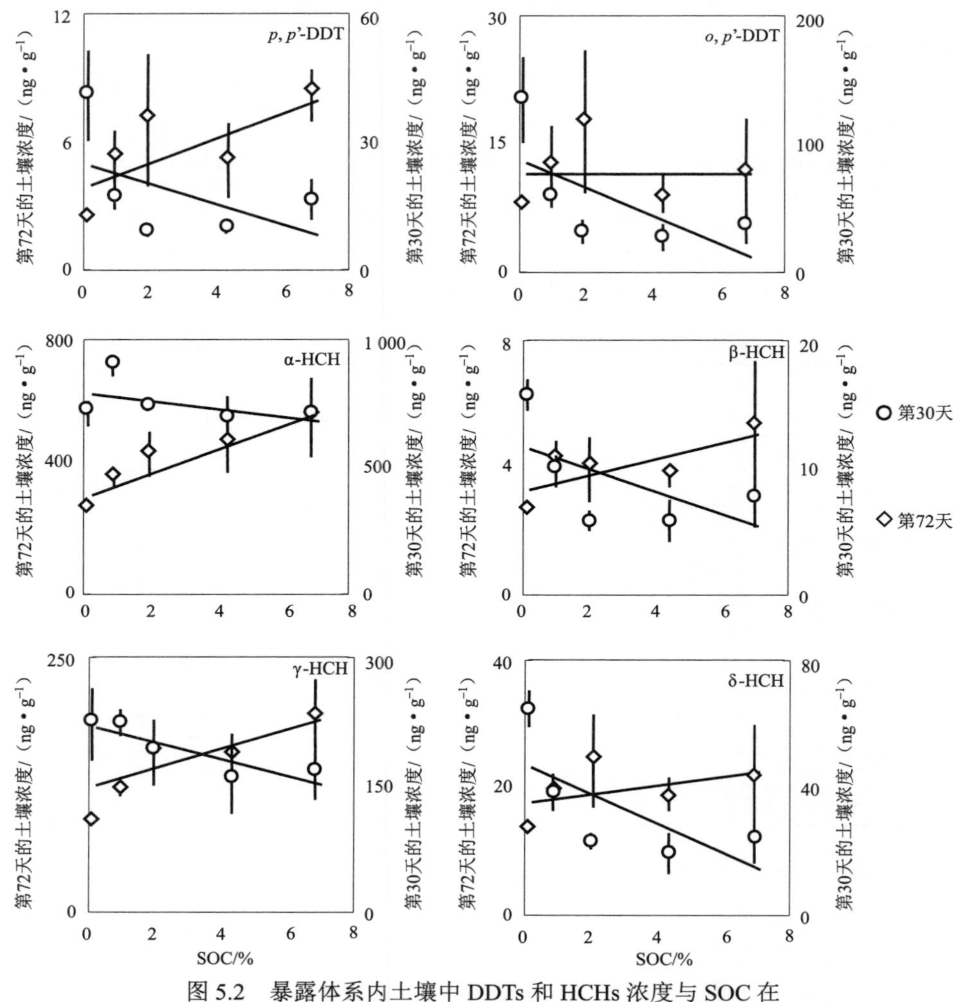

图 5.2 暴露体系内土壤中 DDTs 和 HCHs 浓度与 SOC 在第 30 天和第 72 天时相关关系对比

5.1.4 其他影响因素

除土壤有机质含量（SOC）之外，土壤的其他一些物理化学性质参数，如土壤颗粒的比表面积（*SA*）、孔隙度（Pore）（Bogan 和 Sullivan，2003；Pignatello 和 Xing，1996；Wattiau 等，2002），以及土壤有机质的组成，如炭黑含量（*BC*）（Ghosh，2007；Kleineidam 等，2002）等，也是影响土壤对疏水性有机污染物的吸附与锁定的较为重要的因素。

因此，我们同时也分析了 HCHs 和 DDTs 各同分异构体的土壤浓度与这三者的相关关系变化。结果表明，前 30 天时浓度与比表面积（*SA*）和总孔体积（*TPV*）有正相关关系增强的趋势，到 30 天时表现为较为显著的正相关关系（α–HCH 除外）（图 5.3、图 5.4），与 BC 的相关关系变化趋势则与 SOC 相似（图 5.5）。这表明在气土分配平衡的过程中，土壤颗粒的比表面积和孔隙度可能是影响土壤对污染物吸附作用的比较重要的因素，它们对污染物在土壤中的富集会产生一定的影响；而炭黑作为土壤有机质的重要组分，可以通过孔隙填充以及芳香性结构造成强吸附，对疏水性有机污染物具有较强的锁定作用（Luthy 等，1997），因此对有机质对污染物的整体的锁定作用可能具有较大的贡献，炭黑含量的大小也会影响土壤有机质对污染物的锁定作用。

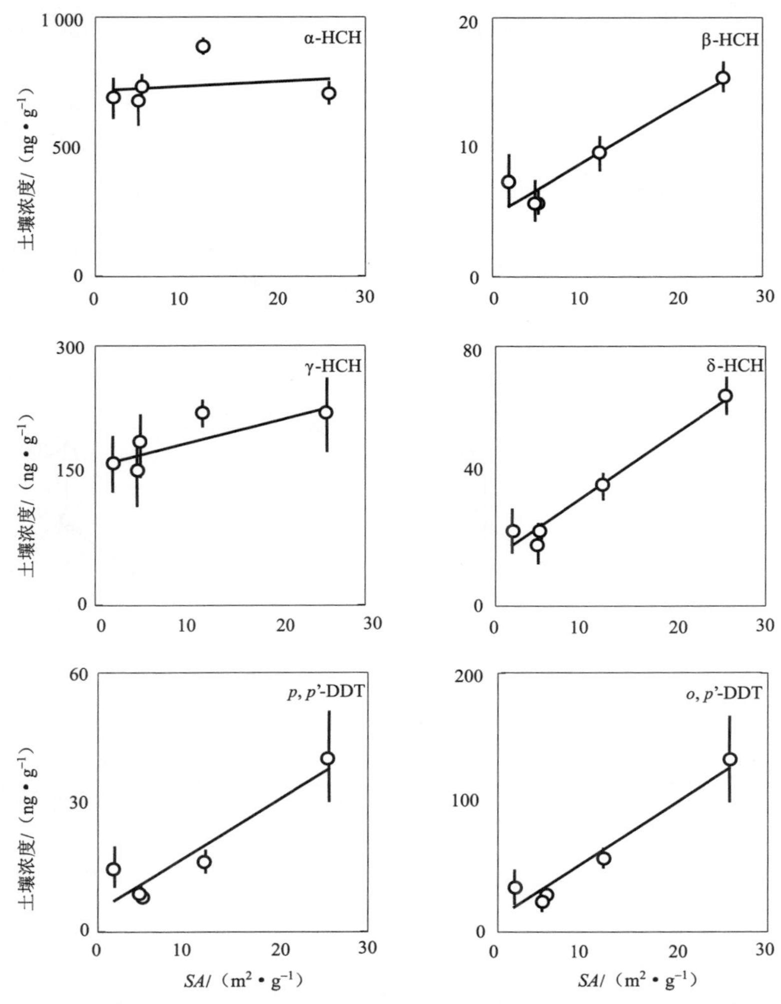

图 5.3 暴露体系内第 30 天时土壤中 HCHs 和 DDTs 浓度与 *SA* 的相关关系

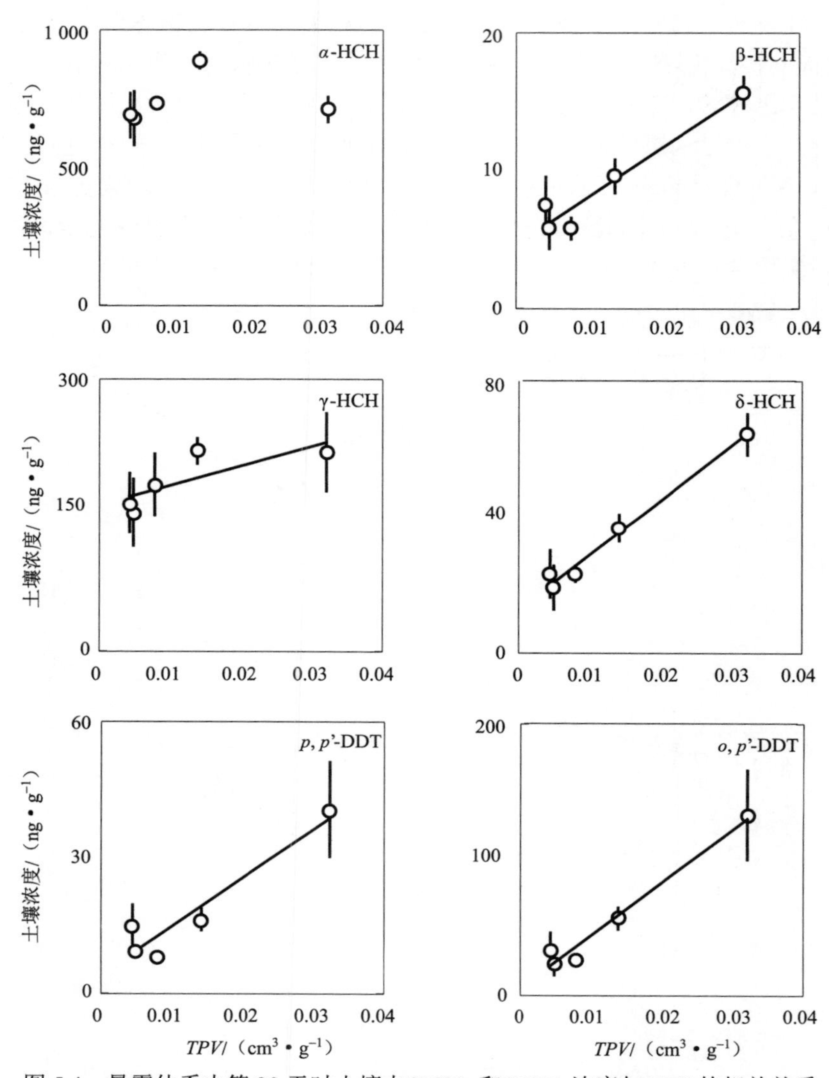

图 5.4 暴露体系内第 30 天时土壤中 HCHs 和 DDTs 浓度与 *TPV* 的相关关系

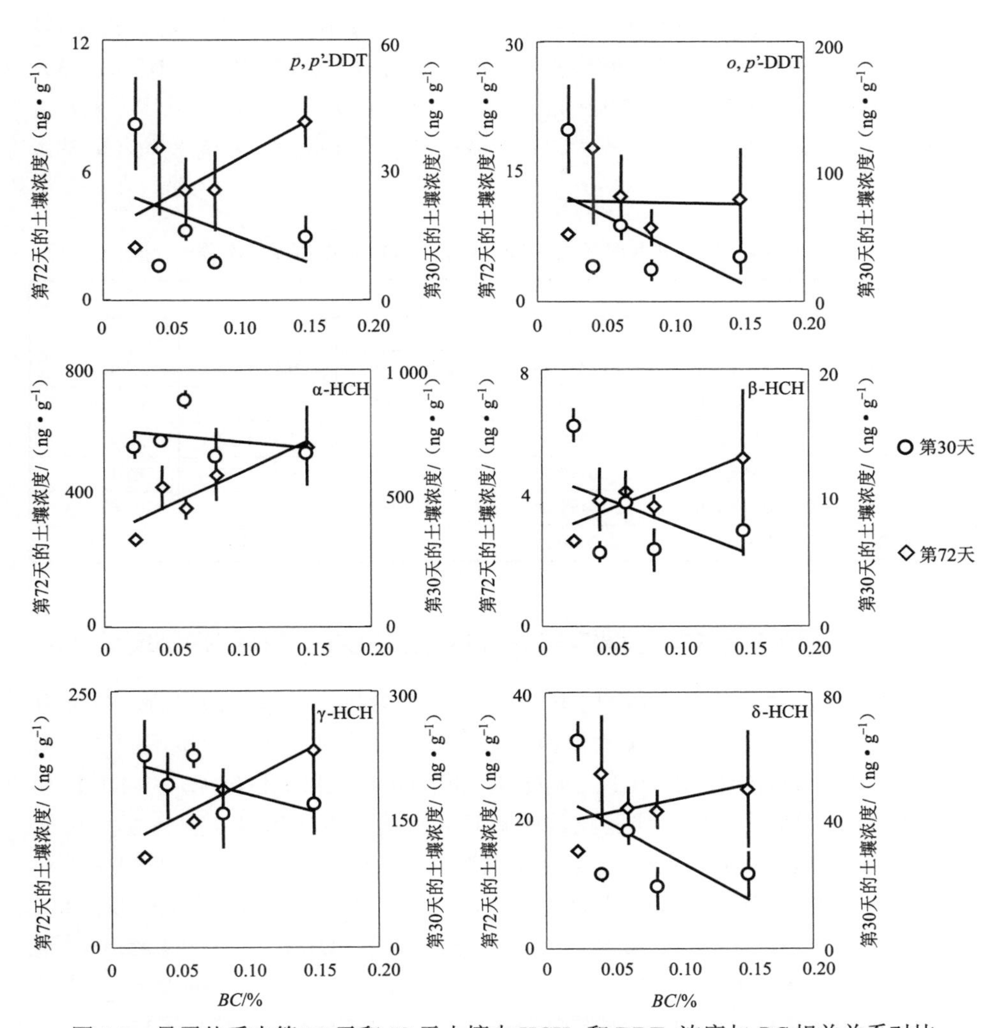

图 5.5　暴露体系内第 30 天和 72 天土壤中 HCHs 和 DDTs 浓度与 *BC* 相关关系对比

5.2　老化土壤体系

5.2.1　老化体系内空气中 HCHs 和 DDTs 浓度的动态变化

老化土壤实验开始后，体系内老化土壤中的 HCHs 和 DDTs 各同分异构体开始由土壤向体系内空气中挥发扩散，导致其在空气中浓度的升高。老化土壤体系内的空气中 HCHs 和 DDTs 的各同分异构体在各时间点的具体浓度及标准差参见表 5.4。在整个实验期间，α–HCH、β–HCH、γ–HCH、δ–HCH、*p,p*'–DDT 和 *o,p*'–DDT 各时间点空气浓度均值和标准差分别为：（0.12±0.03）、（0.36±0.23）、（3.02±0.90）、（5.80±2.73）、（0.22±0.06）和（0.08±0.09）ng/m^3，从总体上来看，各化合物空气浓度变化的幅度不大，气相浓度在整个实验过程稍有波动，但基本维持稳定。

表 5.4　老化体系内空气中 HCHs 和 DDTs 的浓度及标准差　ng・m^{-1}

化合物	暴露时间/天				
	3	7	15	30	72
α–HCH	0.11±0.06	0.14±0.03	0.08±0.02	0.13±0.08	0.15±0
β–HCH	0.16±0.06	0.44±0.17	0.14±0.12	0.38±0.54	0.69±0.07
γ–HCH	3.05±0.74	2.33±0.55	1.92±0.15	3.90±0.30	3.89±0.19
δ–HCH	3.90±1.15	4.01±1.75	3.53±2.07	8.95±2.36	8.61±0.85
p,p'–DDT	0.16±0.01	0.31±0.04	0.20±0.02	0.18±0.03	0.26±0.03
o,p'–DDT	0.07±0.07	0.20±0.25	0.14±0.10	0.00±0.00	0.00±0.02

5.2.2　老化体系内土壤中 HCHs 和 DDTs 浓度的动态变化

野外土壤中的 POPs 会经历土–气交换、降解以及其他消散过程，例如淋滤（Semple 等，2003）。在本次室内模拟实验中，五种有机质含量不同的土壤中的 HCHs（α–HCH，β–HCH，γ–HCH 和δ–HCH）和 DDTs（*p,p*'–DDT 和 *o,p*'–DDT）的浓度在整个实验过程中随时间有显著下降趋势（图 5.6），可能是由于两方面的原因，即土–气交换（土壤向大气的挥发作用）以及损失过程（其中包括生物降解）。在整个实验过程中，各化合物在五种土壤中的平均浓度，*p,p*'–DDT 由 32 699 ng/g 降至 12 476 ng/g，*o,p*'–DDT 由 5 554 ng/g 降至 2 399 ng/g，α–HCH 由 165 ng/g 降至 15.5 ng/g，β–HCH 由 67.9 ng/g 降至 15.6 ng/g，γ–HCH 由 134 ng/g 降至 25.8 ng/g，δ–HCH 由 437 降至 131 ng/g，降幅分别达到 61.8%、56.8%、90.6%、77.7%、80.8%和 69.9%。另外，从土壤挥发到大气中的 DDTs 和 HCHs 的浓度非常低，并且在整个实验过程只有轻微的变化(表 5.4)。各化合物在空气中的平均浓度分别为：0.22 ng/m^3(*p,p*'–DDT)、0.18 ng/m^3(*o,p*'–DDT)、0.15 ng/m^3(α–HCH)、0.32 ng/m^3(β–HCH)、2.47 ng/m^3(γ–HCH）和 4.12 ng/m^3（δ–HCH）。各化合物在空气与土壤中的质量之比分别为：3.7×10^{-10}(*p,p*'–DDT)，1.8×10^{-9}(*o,p*'–DDT)、5.1×10^{-8}(α–HCH)、2.7×10^{-7}(β–HCH)、1.0×10^{-6}（γ–HCH）和 5.2×10^{-7}（δ–HCH）。这些很低的比值表明在实验体系内各目标化合物的土–气交换过程相对于土壤内的 OCPs 的损失过程可以忽略。由于 DDTs 和 HCHs 一般都具有很低的蒸气压（Zhang 等，2009），

所以它们一般不倾向于向大气挥发，尤其是对于在土壤中老化了超过一年已经与土壤有机质充分作用的化合物。所以，体系内土壤中污染物浓度的降低应该主要是由于降解作用及其他一些损失过程。

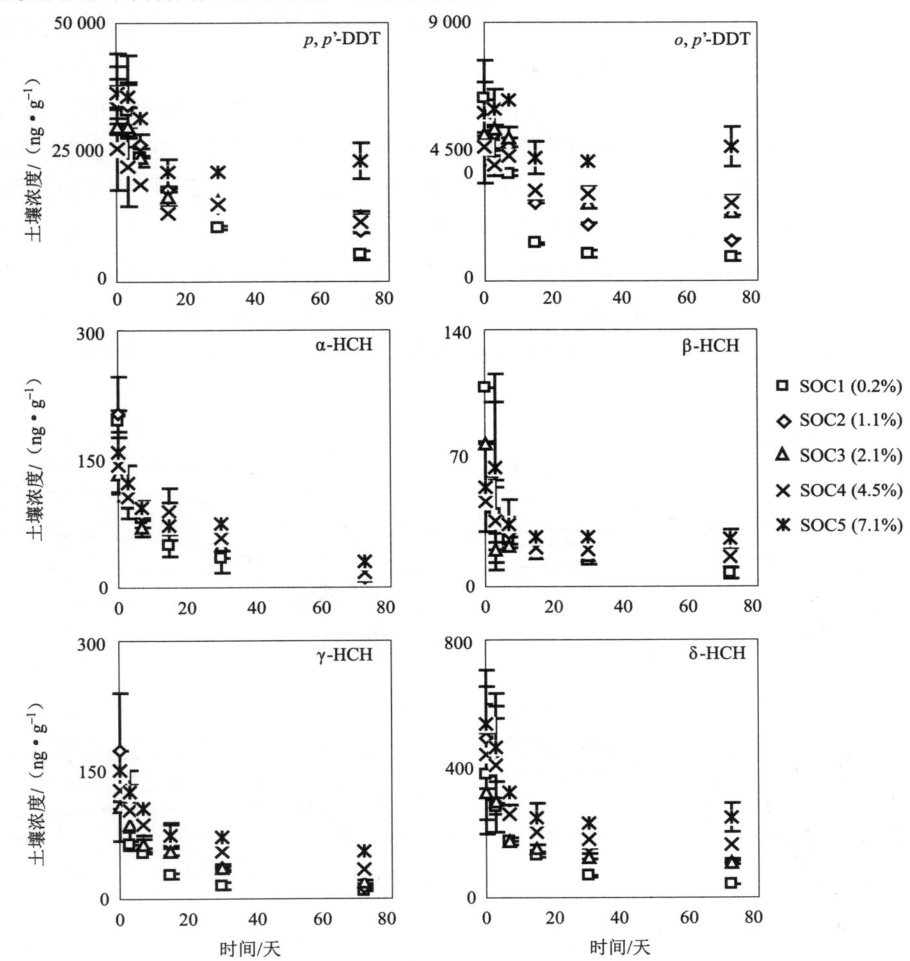

图 5.6　老化体系内土壤中 DDTs 和 HCHs 各异构体浓度随时间动态变化

5.2.3　HCHs 和 DDTs 的锁定比例

DDTs 和 HCHs 在各不同有机质含量土壤中的损失动力学曲线（图 5.7）通过以下的动力学拟合方程建立，由各化合物在土壤中的损失比例（y）和培养时间（x）之间的回归分析得到：

$$y = a[1 - e^{(-bx)}] \tag{5.1}$$

其中，参数 a 代表最大的损失比例；参数 b 代表损失速率。

五种土壤中，绝大多数化合物的损失动力学曲线拟合都具有很高的 R^2（表 5.5）。根据拟合方程，可得到 DDTs 和 HCHs 各同分异构体的锁定比例（即“1–a”），结果见表 5.6。所有化合物的回归拟合曲线在前 15 天基本都呈现为陡然的增加趋势，达到最高点之后就逐渐趋于平稳的状态。各不同有机质含量土壤中的化合物的损失比例在前 15 天迅速增加，分别从 0 增至 0.42～0.66（p,p'–DDT），0.26～0.80（o,p'–DDT），0.55～0.75（α–HCH），0.51～0.83（β–HCH），0.50～0.78（γ–HCH）以及 0.54～0.66（δ–HCH）（图 5.7），这表明在实验初期阶段（前 15 天）体系内的土壤中有显著的 DDTs 和 HCHs 各化合物的损失过程发生。在第 72 天时，所有土壤中的 DDTs 和 HCHs 的损失比例都达到了稳定水平（图 5.6），这表明土壤中最后被保持住的残余的污染物主要是被土壤有机质锁定或者与土壤有机质有很强结合而不能被降解等损失过程影响的部分（Semple 等，2003）。

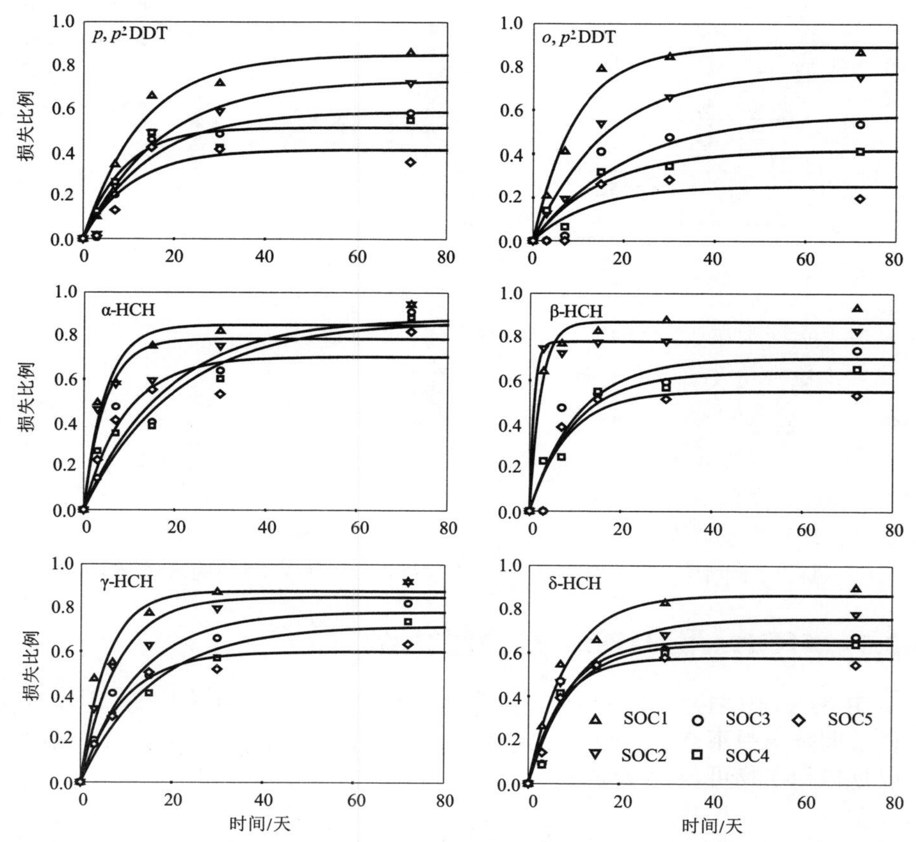

图 5.7 老化体系内土壤中 DDTs 和 HCHs 各同分异构体损失比例随时间动态变化回归曲线

表 5.5　老化体系内土壤中 HCHs 和 DDTs 损失动力学曲线拟合 $R^2(y=a[1-e^{(-bx)}])$

化合物	五种有机质含量的土壤				
	SOC1	SOC2	SOC3	SOC4	SOC5
α–HCH	0.95	0.88	0.90	0.91	0.91
β–HCH	0.98	0.80	0.99	0.96	0.73
γ–HCH	0.96	0.96	0.97	0.98	0.98
δ–HCH	0.99	0.96	0.95	0.96	0.98
p, p'–DDT	0.98	0.97	0.94	0.95	0.86
o, p'–DDT	0.98	0.98	0.88	0.89	0.71

表 5.6　老化土壤中 HCHs 和 DDTs 各同分异构体的锁定比例　%

化合物	五种有机质含量的土壤				
	SOC1	SOC2	SOC3	SOC4	SOC5
α–HCH	14.95	21.43	11.63	12.88	29.64
β–HCH	13.12	29.84	22.29	36.23	44.82
γ–HCH	12.31	14.99	21.79	28.09	40.04
δ–HCH	13.45	24.23	34.11	35.98	42.28
p, p'–DDT	14.71	26.76	41.48	48.84	58.89
o, p'–DDT	10.41	22.23	41.92	58.21	74.44

5.2.4　正丁醇提取实验

为了验证土壤中生物可利用和不可利用（锁定）组分的变化，对第 0 天和第 72 天的土壤样品进行了正丁醇提取实验。一般认为正丁醇可以提取的部分可以代表生物可利用的组分，而正丁醇提取的残留态的部分即代表生物不可利用（锁定）的组分（Kelsey 等，1997；Nam 等，1998；Ter Laak 等，2006）。如图 5.8 所示，从第 0 天到第 72 天，正丁醇提取态的浓度显著降低，然而正丁醇提取残留态的浓度的变化却很微弱，这说明生物可利用的组分由于土壤中的微生物降解作用浓度大幅度下降，而生物不可利用部分由于受到 SOC 的锁定作用浓度维持不变。

此外，对于大部分化合物（α–HCH、β–HCH 除外），F_{BE0}（在初始点时正丁醇可提取态所占比例）与损失动力学曲线拟合方程（5.1）中的参数“*a*”（最大的损失比例）之间有显著的正相关关系（图 5.9），表明正丁醇提取模拟生物有效态的结果与本实验回归模拟的结果是一致的，验证了正丁醇提取实验可以较好地模拟生物可利用态的组分。但是，与本实验中的结果进行比较之后的结果（图 5.10），表明正丁醇提取实验模拟生物可利用组分的方法很可能高估了生物可利用态组分所占的比例。

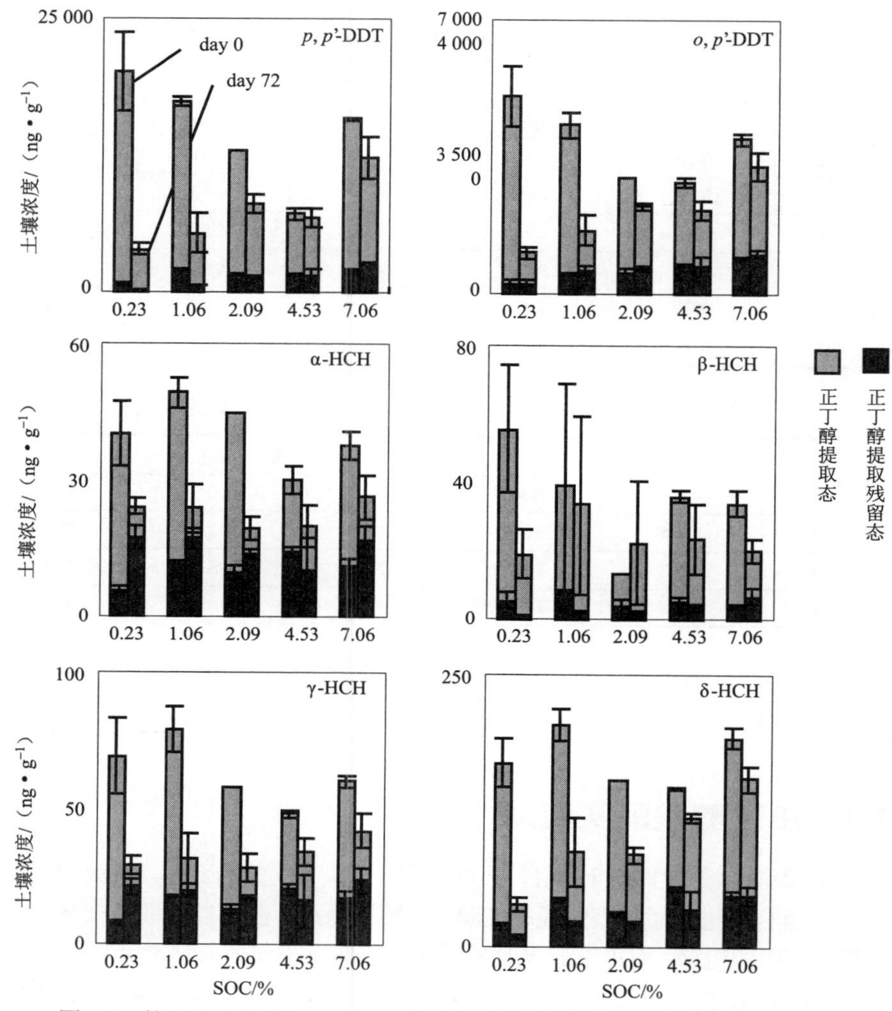

图 5.8 第 0 天和第 72 天五种不同有机质含量的老化土壤中 DDTs 和 HCHs 各同分异构体正丁醇提取态与残留态浓度的比较

5.2.5 SOC 与锁定比例之间的关系

损失动力学回归方程（5.1）中的参数（a, b）具有特定的意义：“a”代表最大的可损失比例；“b”代表损失的速率。对于所有化合物（α–HCH 除外），a 和 SOC 之间有显著的负相关关系（$p<0.05$），而 b 和 SOC 之间没有相关关系（图 5.11）。这表明，五种不同有机质含量土壤的最大可损失比例有显著的差异并且与 SOC 负相关（即 SOC 越高的土壤中的最大可损失比例越低），而不同有机质土壤的损失速率并没有显著差异。随着 SOC 的增加，土壤中可被

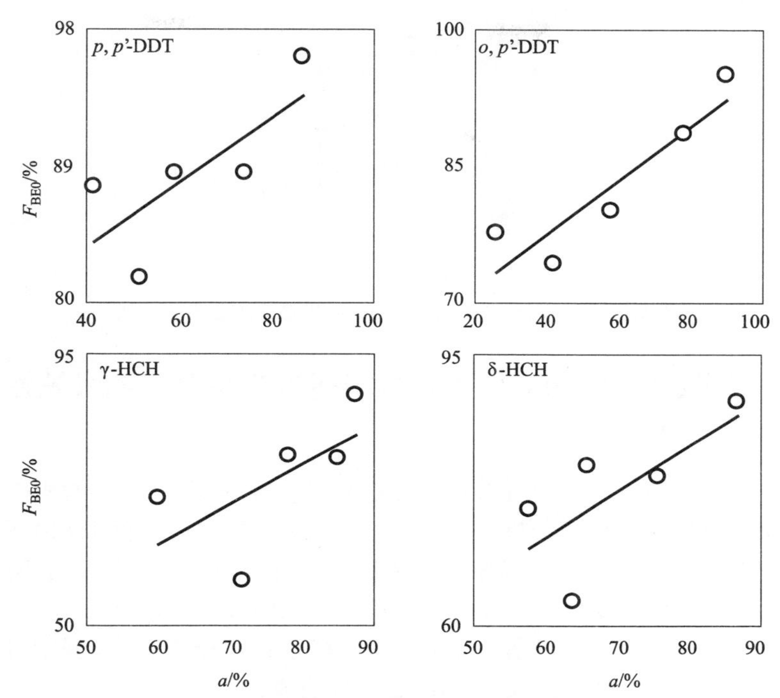

图 5.9　在第 0 天时老化土壤中 DDTs 和 HCHs
正丁醇提取态（F_{BE0}）与参数 a（方程（5.1））的相关关系

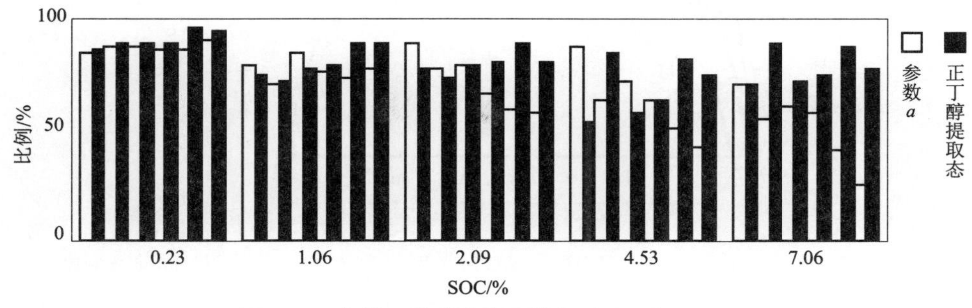

图 5.10　在第 0 天时老化土壤中 DDTs 和 HCHs
正丁醇提取态（F_{BE0}）与参数 a（方程（5.1））的比较

土壤有机质锁定的不可降解的比例（$1-a$）随之增加，同时土壤中可被降解的 OCPs 的比例随之降低。总之，所有证据表明 SOC 的高低决定了锁定的比例，但是并不影响损失的速率。此外，a 和 SOC 之间的回归方程可以用来估计不同有机质含量的土壤中 OCPs 的可损失比例以及锁定的比例。

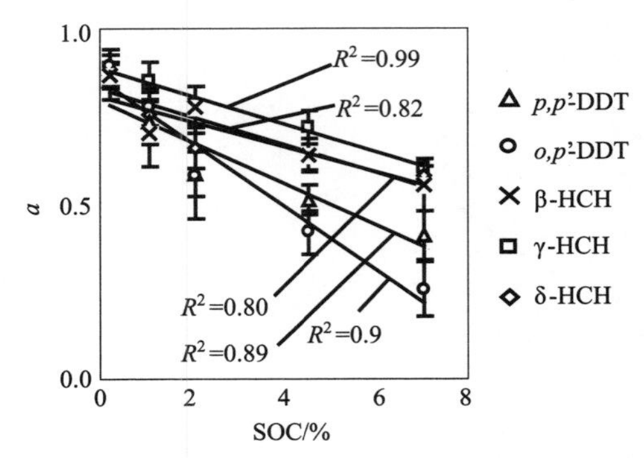

图 5.11 参数 a（方程（5.1））与 SOC 之间的相关关系

5.2.6 土壤中 HCHs 和 DDTs 浓度与 SOC 之间关系的动态变化

如图 5.12 所示，土壤中 DDTs 和 HCHs 的浓度与 SOC 之间的相关关系随时间的延长有逐渐增强的趋势。各化合物土壤浓度与 SOC 之间的相关系数（r）从第 0 天时的 0 随时间延长逐渐上升到后期第 72 天时接近于 1，表明实验后期土壤中的 OCPs 浓度与 SOC 之间有显著的正相关关系（$p<0.05$）。它们之间的正相关关系正是由于之前所讨论的土壤中微生物对 OCPs 的降解作用等损失过程以及 SOC 对 OCPs 的锁定作用两者综合造成。

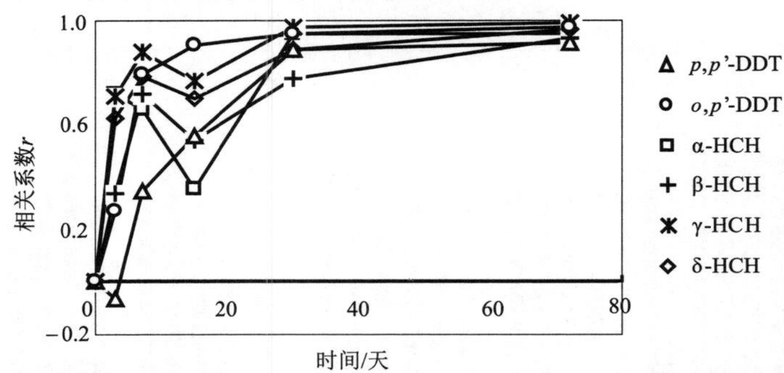

图 5.12 老化体系内土壤中 HCHs 和 DDTs 浓度与 SOC 相关系数随时间动态变化

初始点时，各化合物浓度与 SOC 都没有显著的相关关系，但到第 72 天时，它们之间有显著的正相关关系（图 5.13）。随着时间的增加，土壤中的污染物浓度与 SOC 的相关性显著增加，在后期有显著的正相关关系。由于土壤中有机质对 OCPs 的锁定作用，有机质越高的土壤，锁定作用越强，生物可利用态越少，随着时间增加，土壤中的可以被微生物利用的污染物逐渐被微生物降解，残留在土壤中的污染物基本上只剩下被有机质锁定的部分，因而土壤中的各化合物残留与有机质之间表现出显著的正相关关系。

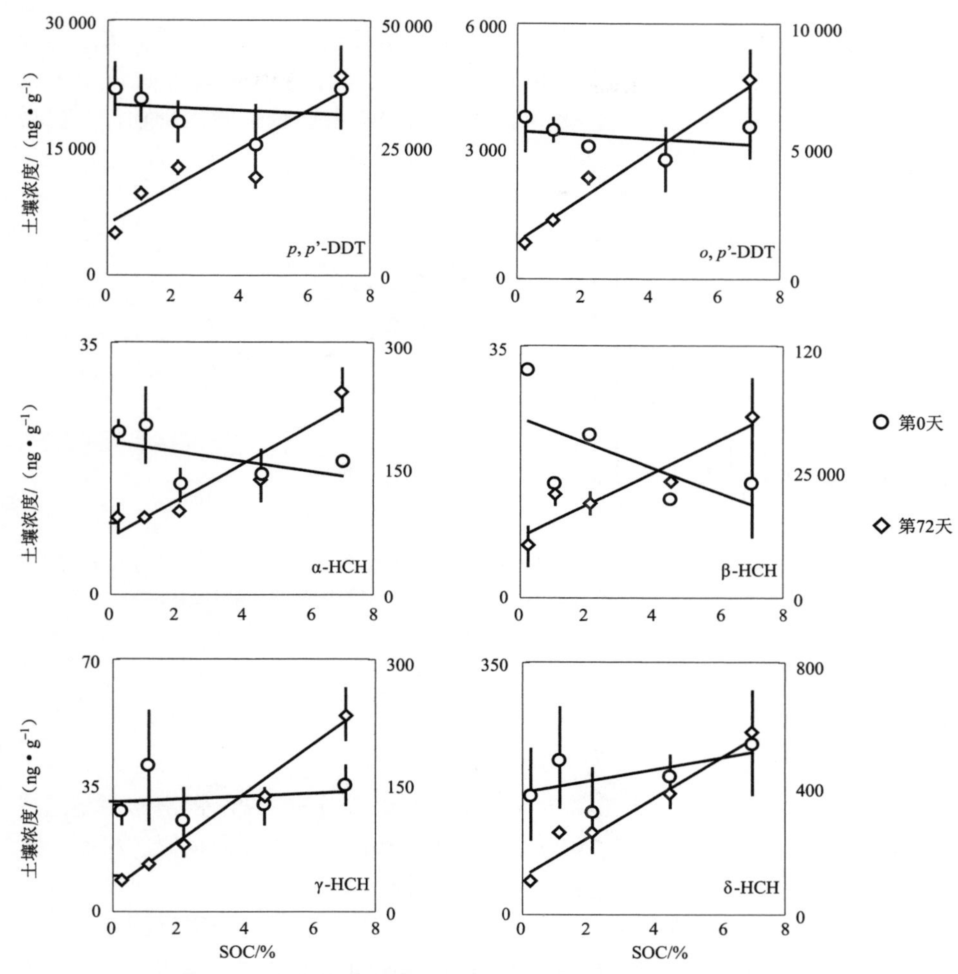

图 5.13　老化体系内第 0 天和 72 天时土壤中 DDTs 和 HCHs 浓度与 SOC 相关关系的比较

5.2.7　HCHs 和 DDTs 的理化性质对锁定作用的影响

正丁醇–空气分配系数（K_{oa}）是一个能很好预测农药在空气和有机相之间分配的参数（刘维屏，2006）。疏水性较强的化合物通常具有较大的 K_{oa}。为了探究化合物物理化学性质对锁定机制的影响，我们分析了降解回归方程参数 a（方程（5.1））与 OCPs 各化合物的 K_{oa} 之间的关系。图 5.14（a）显示，在低有机质含量（SOC<2%）土壤中，它们之间没有显著的相关关系，而在有机质含量为 2.09%、4.53%和 7.06%的土壤中，相关系数分别为–0.91、–0.88 和–0.89（$p<0.05$）。这表明，在锁定作用不太显著的低有机质含量（SOC<2%）土壤

中，各化合物的可损失比例与其 K_{oa} 没有显著关联，而另一方面，K_{oa} 与 a（方程（5.1））在高有机质含量（SOC＞2%）土壤中表现为显著的负相关关系（图 5.14（b）），这表明，K_{oa} 越高的化合物即疏水性越强的化合物，有机质对其的锁定作用越强。

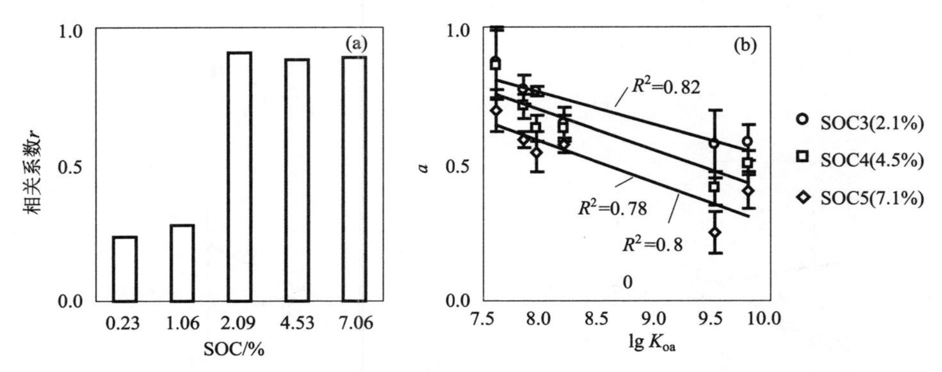

图 5.14 （a）不同有机质含量土壤中 DDTs 和 HCHs 参数 a（方程（5.1））与 lg K_{oa} 的相关系数；（b）老化体系内 SOC＞2%的土壤中 DDTs 和 HCHs 参数 a（方程（5.1））与 lg K_{oa} 之间的相关关系

5.3 小结

（1）暴露土壤和老化土壤微宇宙实验数据综合分析表明，锁定作用是造成 DDTs 和 HCHs 土壤浓度与土壤有机质之间正相关关系的较为重要的机制，也是造成 OCPs 在土壤中残留的持久性的重要机制。

（2）通过 DDTs 和 HCHs 在老化土壤中的损失比例对时间进行回归拟合得到五种不同有机质含量土壤中的各 OCPs 化合物的锁定比例，结果表明，SOC 决定锁定的比例，但是对损失速率没有显著影响；K_{oa} 越高的化合物即疏水性越强的化合物，有机质对其锁定作用越强。

（3）正丁醇提取模拟生物有效态的结果与本实验回归模拟的结果是一致的，验证了正丁醇提取实验可以较好地模拟生物可利用态的组分。但是，与本实验的结果的比较结果也表明，正丁醇提取实验模拟生物可利用组分的方法高估了生物可利用组分。

第 6 章　DDTs 和 HCHs 土壤残留来源识别

本章描述了 DDT 代谢产物与母体的比值及 HCHs 各同分异构体的比值在老化体系内土壤中随时间的动态变化，讨论了 SOC 对比值的影响，以及其他一些可能影响比值的因素，分析了将比值法作为 DDTs 和 HCHs 土壤残留来源新旧的判断依据的可靠性。

6.1 （DDE+DDD）/DDT

6.1.1 老化体系内空气中 DDE 和 DDD 的浓度动态变化

实验开始后，体系内空气中 DDE 和 DDD 浓度在初期（0～15 天）略有升高，随后即下降至较低水平并保持稳定（图 6.1）。空气中浓度的变化趋势与土壤中 DDT 的降解以及其代谢产物 DDE 和 DDD 自身的降解趋势密切相关。

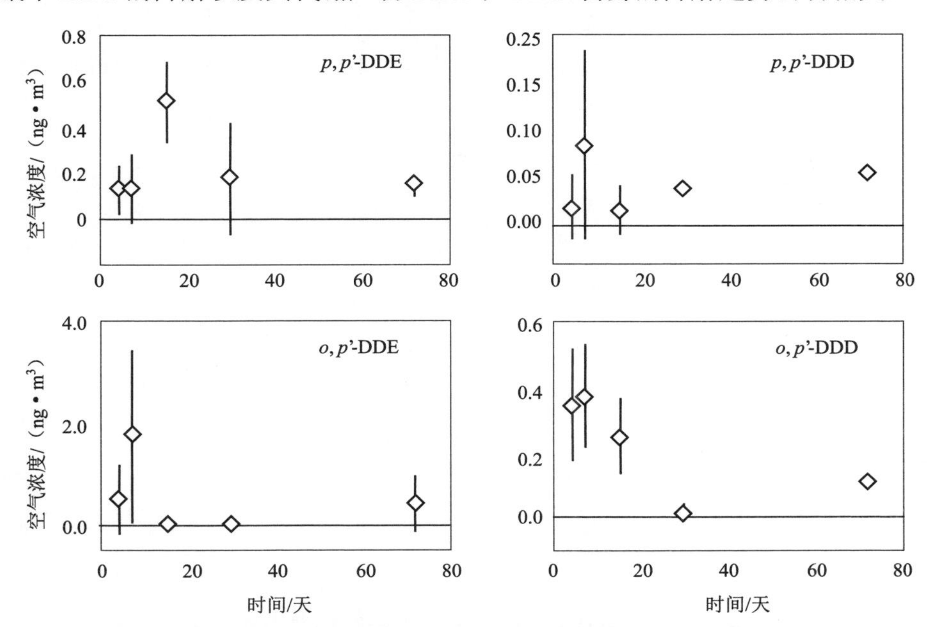

图 6.1　老化体系内空气中 DDE 和 DDD 各同分异构体的浓度动态变化

6.1.2 老化体系内土壤中 DDE 和 DDD 的浓度动态变化

DDE 和 DDD 是 DDT 在土壤中最主要的一级代谢产物（Aislabie 等，1997）。具体来说，DDE 是 DDT 在好氧条件下降解产生的代谢产物，而 DDD 则是厌氧条件下的代谢产物。图 6.2 显示了不同有机质含量的土壤中 DDE 和 DDD 随时间累积的动态变化。在实验开始后，由于土壤中 DDT 的显著生物降解，DDE 和 DDD 快速累积并在第 15 天达到峰值。15 天之后，很可能是由于代谢产物 DDE 和 DDD 自身的降解速率超过了母体 DDT 的降解速率，土壤中的 DDE 和 DDD 的浓度逐渐减少。由于DDT原药中含有少量DDD杂质（*p*, *p*'–DDD 3.7%、*o*, *p*'–DDD 2.1%），但几乎不含 DDE（*p*, *p*'–DDE 0%、*o*, *p*'–DDE 0.1%），所以可以推断土壤中累积的 DDD 有一小部分是随着老化处理过程中添加到土壤中的原药引入土壤中的，在实验开始时，这一部分的 *p*, *p*'–DDD 和 *o*, *p*'–DDD 分别为 795 和 149 ng/g。然而，土壤中 DDE 的总累积浓度应该来源于 DDT 的微生物降解过程。在实验开始时，土壤中的 *p*, *p*'–DDE 和 *o*, *p*'–DDE 的浓度分别为 118 ng/g 和 128 ng/g，这可能是在土壤老化处理过程中有微量的 DDT 降解产生的。总体来说，一方面，DDE 和 DDD 的累积动态受到母体 DDT 以及它们自身的降解速率的综合控制，而另一方面，它们三者的降解速率又都在某种程度上受到它们锁定速率及程度的限制。

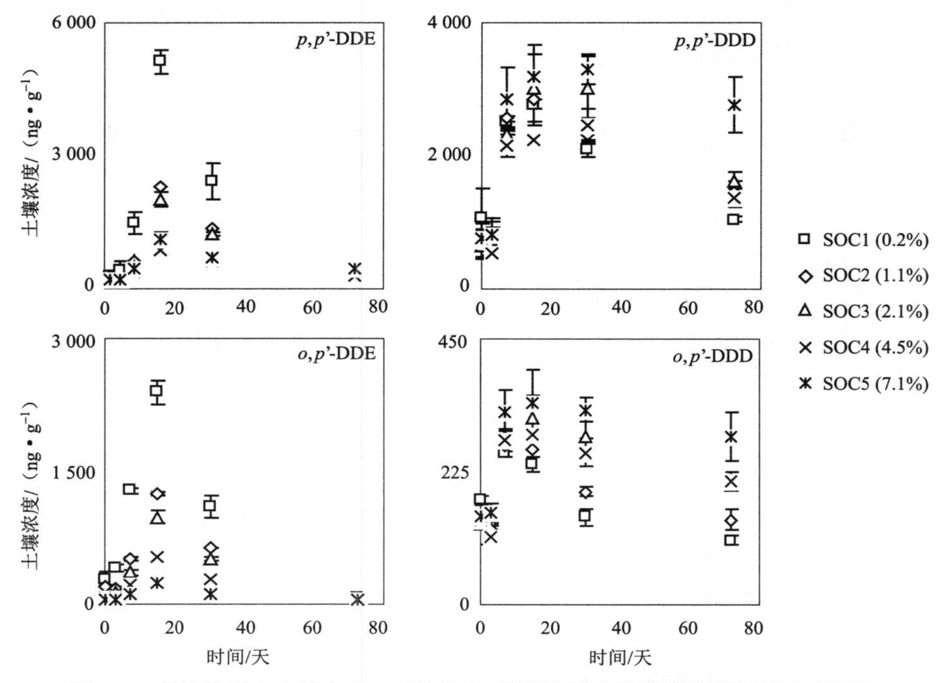

图 6.2 老化体系内土壤中 DDE 和 DDD 各同分异构体浓度随时间的动态变化

DDE 和 DDD 在土壤中的累积浓度（t 时间的浓度与初始浓度之差）在第 15 天附近时达到最高值（图 6.2）。图 6.3 比较了 DDE 和 DDD 在第 15 天时的浓度增量，从图中可以看出，在所有土壤中，o,p'–DDE 的浓度增量大大高于 o,p'–DDD，而在最低 SOC 的土壤中，p,p'–DDE 的浓度也显著高于 p,p'–DDD。基于此，可以得出结论：在本实验体系内的土壤中，相对于 DDD 来说，DDE 是 DDT 的优势降解产物，而这也和实验体系内的好氧条件相符合。另外，由于在较低 SOC 的土壤中可被生物降解的 DDT 的比例较高，所以 SOC 较低的土壤中的优势代谢产物 DDE 的累积浓度增量显著高于其他土壤，而非优势代谢产物 DDD 的累积浓度增量在各土壤中则没有显著差异。

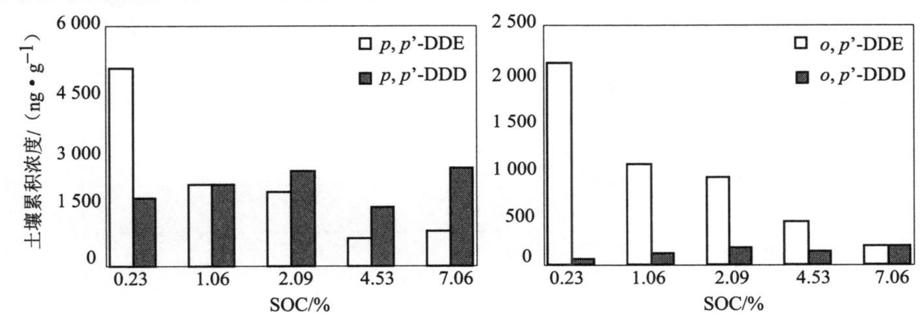

图 6.3　老化体系内不同有机质含量土壤中 DDE 和 DDD 在第 15 天时达到的最大累积浓度比较

另外一个有趣的现象是，在实验结束时，即第 72 天时，土壤中 DDE 的累积浓度显著低于 DDD，并且在除最高 SOC 以外的土壤中，o,p'–DDE 的累积浓度增量甚至为负值（负值表示负增长）（图 6.4）。尤其是，在第 72 天 SOC 为 7.06%的土壤中，p,p'–DDD 和 p,p'–DDE 累积浓度增量比值（p,p'–DDD/p,p'–DDE）以及 o,p'–DDD 和 o,p'–DDE 累积浓度增量比值（o,p'–DDD/o,p'–DDE）分别为 8.98 和 27.76。这些结果表明，DDD 与 SOC 之间的锁定作用可能比 DDE 更强，所以即使它不是优势代谢产物，但是由于其较强的锁定作用，更多的 DDD 而不是 DDE 被保留在了土壤中。

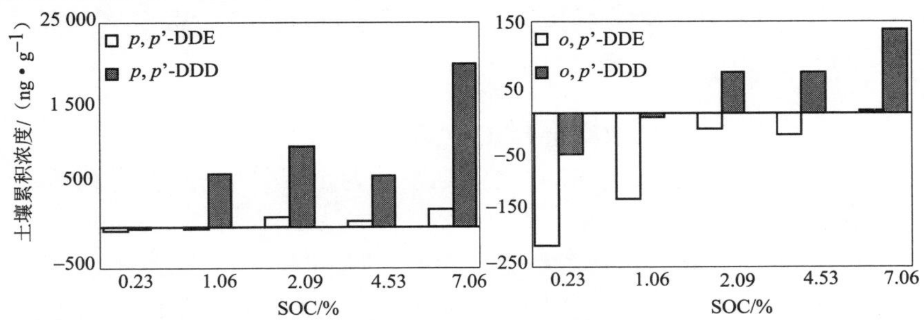

图 6.4　老化体系内不同有机质含量土壤中 DDE 和 DDD 在第 72 天时的累积浓度比较

DDE 和 DDD 在实验结束即第 72 天时的累积浓度增量与 SOC 之间的相关关系如图 6.5 所示，*p*, *p*'–DDE、*p*, *p*'–DDD、*o*, *p*'–DDE 和 *o*, *p*'–DDD 与 SOC 之间都具有显著的正相关关系（$p<0.1$），代谢产物的累积浓度增量随 SOC 的增加而增加，很可能是由于 SOC 较高的土壤对 DDE 和 DDD 的锁定作用也越强。所以，虽然前面我们讨论了 DDE 和 DDD 与 SOC 之间锁定作用的强度有差异，但是与母体 DDT 类似，它们在各土壤中锁定的比例也可能受到 SOC 的控制。

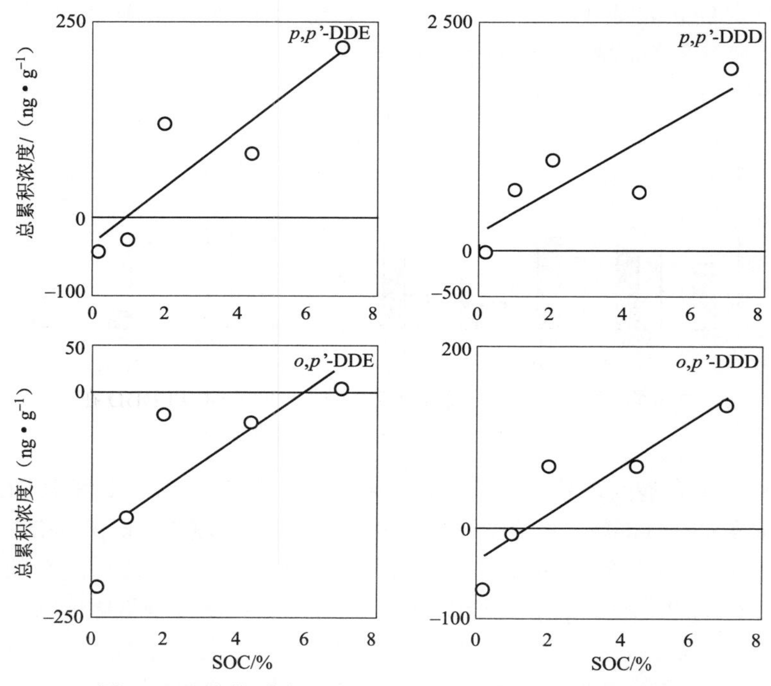

图 6.5　老化体系内土壤中 DDE 和 DDD 在第 72 天时的总累积浓度与 SOC 之间的相关关系

6.1.3　老化体系内土壤中 DDE 和 DDD 浓度与土壤有机质含量的关系

如图 6.6 所示，DDE 浓度与 SOC 之间表现为负相关关系，并且随时间增加逐渐增强，而 DDD 浓度与 SOC 之间则表现为正相关关系，并且也随时间增加逐渐增强。

DDE 与 SOC 之间的相关关系变化趋势表明，随时间增加，SOC 越高的土壤中 DDE 的含量越低，而土壤中的 DDE 是由 DDT 降解产生的。由于土壤有机质对 DDT 的锁定作用，有机质含量越高的土壤，可以被降解的 DDT 越少，因而降解产生的DDE也越少，DDE与SOC之间的负相关关系表明DDE与SOC之间的关系主要由 DDT 的降解作用主导，而降解产物 DDE 与 SOC 之间的锁定作用不明显。

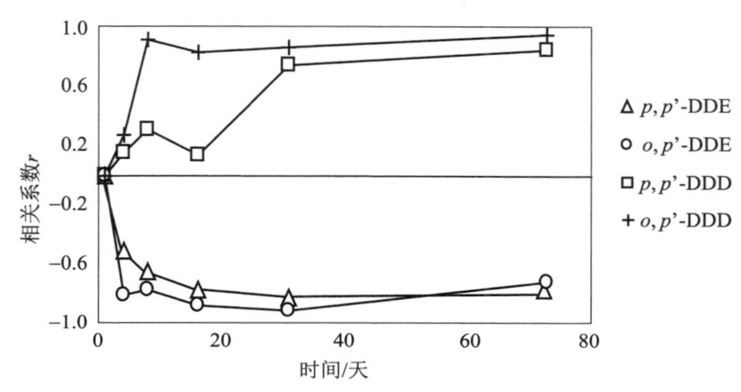

图 6.6　老化体系内土壤中 DDE 和 DDD 浓度与 SOC 之间的相关系数随时间动态变化

DDD 与 SOC 之间的相关关系变化趋势表明，随时间增加，SOC 越高的土壤中 DDD 的含量也越高，而土壤中的 DDD 部分来源于原药，部分来源于 DDT 的降解，而前述 DDD 的变化趋势已表明，相对原药引入的 DDD，土壤中有显著增加的 DDD，新增的 DDD 也是由 DDT 的降解产生的，但相对于 DDE，它属于次要产物，因而土壤中 DDD 与 SOC 的正相关关系表明各土壤中新增的 DDD 差异不显著，而 DDD 与有机质的锁定作用较强。

6.1.4 （DDE+DDD）/DDT 动态变化及其与有机质的关系

DDT 代谢产物 DDE 和 DDD 与母体 DDT 的浓度比值（*p*, *p*'–DDE+*p*, *p*'–DDD）/*p*, *p*'–DDT，一直被用来作为判断 DDT 是否有新源输入的依据（Harner 等，1999）。一般认为，如果（*p*, *p*'–DDE+*p*, *p*'–DDD）/*p*, *p*'–DDT＞1，土壤中的 DDT 就是来源于历史施用；反之，就认为有潜在可疑的新鲜施用。这个标准建立在一个简单的概念基础之上，即 DDT 在土壤中存留的时间越长，通过降解产生的代谢产物的总量就越多。同时，传统观点认为代谢产物 DDE 和 DDD 比母体 DDT 在环境中更不易被降解。所以，基于这些前提假设，一些学者就认为(*p*, *p*'–DDE+*p*, *p*'–DDD)/*p*, *p*'–DDT 值能够代表 DDT 的施用历史，因此可以用来作为 DDT 输入源新旧的判断依据，从而区分土壤中残留 DDT 是来源于历史施用还是新鲜施用。

然而，本研究的实验结果显示，（*p*, *p*'–DDE+*p*, *p*'–DDD）/*p*, *p*'–DDT 值先

随时间增加而增加，到第 15 天时达到最大值，之后开始减小，直至 72 天时比值略高于 0，比值并不是单纯地随时间的增加而越来越大（图 6.7）。在第 15 天时，在各有机质含量从小到大的土壤中，比值分别为 0.63、0.28、0.31、0.23 和 0.20，而在第 72 天时的比值则分别下降至 0.23、0.17、0.15、0.13 和 0.13。

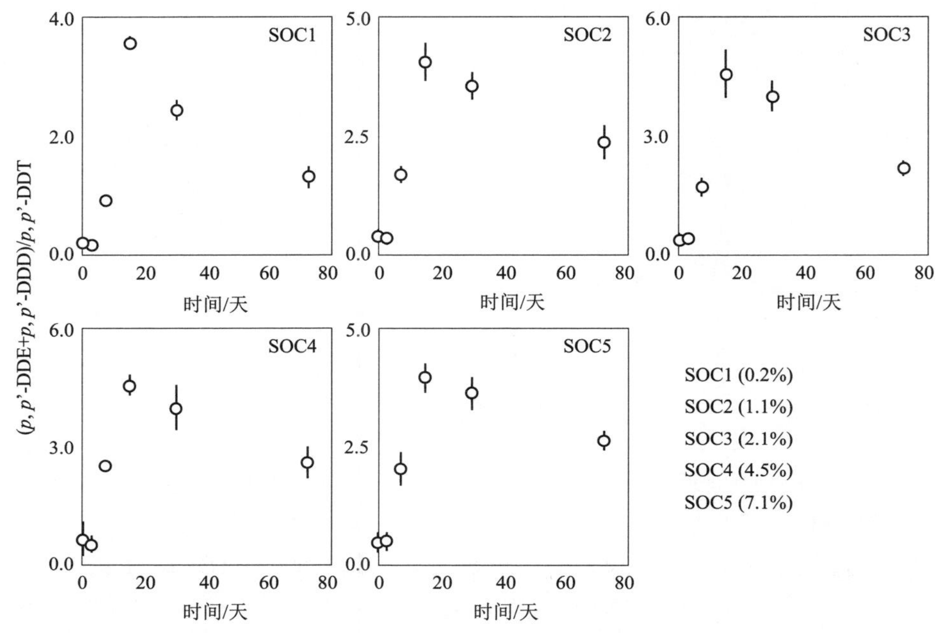

图 6.7 老化体系内不同有机质含量土壤中（p, p'–DDE+p, p'–DDD）/ p, p'–DDT 随时间动态变化

五种不同有机质含量的土壤中，各时间点对应的（p, p'–DDE+p, p'–DDD）/p, p'–DDT 值和 p, p'–DDT 的损失比例之间的关系表示在图 6.8 中，从图中可以看出它们之间的关系并不是线性的正相关关系。这进一步表明，随着时间的增加，虽然有更多的可降解的 DDT 在土壤中被降解，但是代谢产物与母体之间的比值（p, p'–DDE+p, p'–DDD）/p, p'–DDT 并不一定随时间增加而越变越大。

综上所述，我们认为（p, p'–DDE+p, p'–DDD）/p, p'–DDT 不是一个识别 DDT 是否有新源输入的可靠标准，因为这个比值是建立在尚有争议的理论基础之上的。控制老化土壤中（p, p'–DDE+p, p'–DDD）/p, p'–DDT 值的关键因素是 DDT 和它的代谢产物 DDE 与 DDD 在土壤中的损失机制（包括降解、挥发等过程）以及锁定机制。在本研究中，我们已经发现 DDT、DDE 和 DDD 在土壤中都有显著的损失。所以，这个比值最终是由母体 DDT 和它的代谢产物之间的锁定差异所控制的。

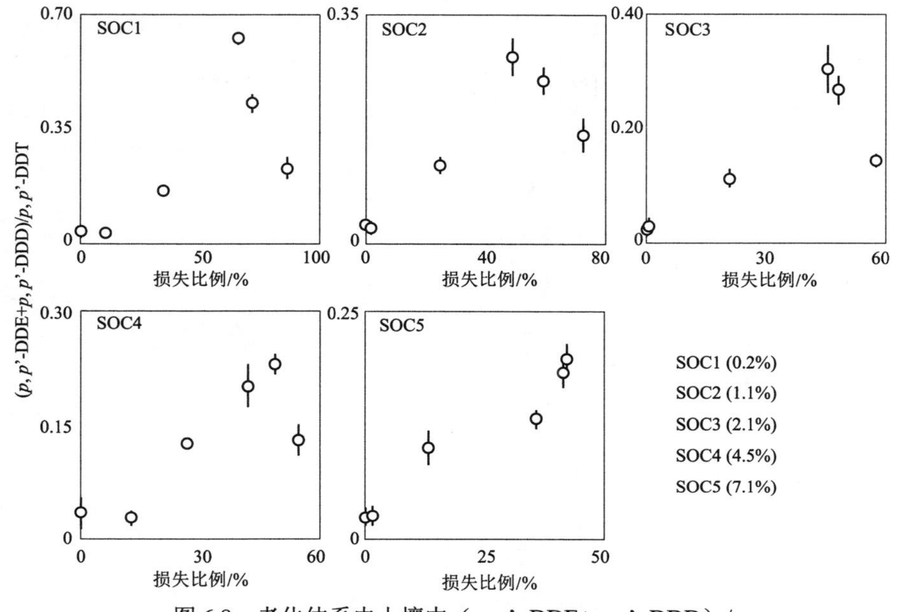

图 6.8　老化体系内土壤中（*p, p*'–DDE+*p, p*'–DDD）/ *p, p*'–DDT 与 *p, p*'–DDT 损失比例之间的关系

6.2　α–HCH:β–HCH:γ–HCH:δ–HCH

老化土壤中，HCHs 的四种同分异构体组成比例α–HCH:β–HCH:γ–HCH:δ–HCH 在实验初始点时为 17.9%:8.9%:15.2%:58.0%，与 HCHs 原药中的比例（14.5%:4.6%:22.1%:58.9%）略有差异，这可能是由在老化过程及实验提取过程中的误差引起的。我们实验所用的 HCHs 原药与市场上普通出售的有一定差异，其中杂质含量较高，组成比例也不同。五种有机质含量不同的土壤中α–HCH:β–HCH:γ–HCH:δ–HCH 随时间的动态变化如图 6.9 所示，α–HCH 由 17.9%降至 9.3%，β–HCH 由 8.9%降至 8.7%，γ–HCH 由 15.2%降至 13.2%，δ–HCH 由 58.0%升至 68.9%，其中α–HCH 有较显著的降低，而δ–HCH 则有较显著的升高，β–HCH 和γ–HCH 则没有显著变化。

在上一章中，讨论了老化土壤中 HCHs 各同分异构体的降解性差异，结果表明，α–HCH、β–HCH、γ–HCH 和δ–HCH 在土壤中的降解都较为显著，并且它们各自的降解速率之间并没有显著性差异。到实验后期，土壤中残留的 HCHs 基本上都是被 SOC 所锁定的不能被生物所降解的部分，因此，老化土壤中 HCHs 四种同分异构体比例α–HCH:β–HCH:γ–HCH:δ–HCH 最终很可能是由各异构体的锁定程度所决定。

根据上一章中得到的 HCHs 四种同分异构体的锁定比例估算了实验结束

时土壤中四种同分异构体残留锁定态之间的比例，并且与实验实际观测值进行了比较（图 6.10）。从图 6.10 可以看出，虽然预测比值与实际观测值略有差异，但是相对于原药中的比例的变化趋势基本上是一致的，这也证实了锁定程度对最终的α–HCH:β–HCH:γ–HCH:δ–HCH 起到了比较重要的决定作用。

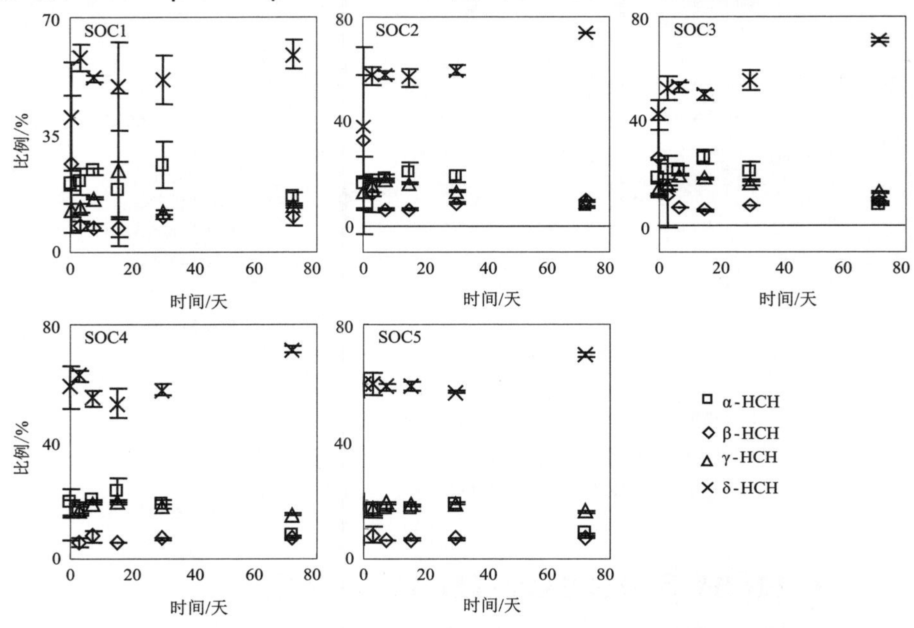

图 6.9 老化体系内不同有机质含量土壤中 HCHs 随时间动态变化

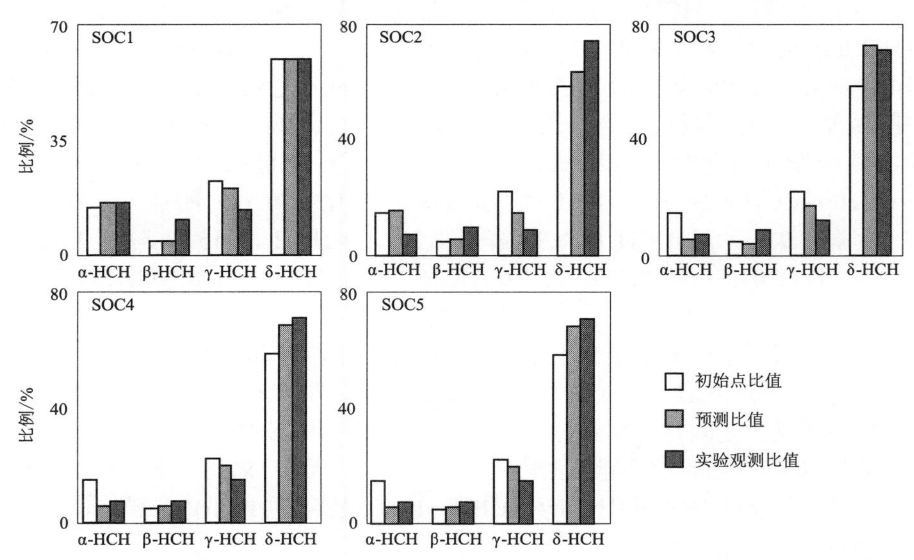

图 6.10 老化体系内不同有机质含量土壤中 HCHs 各异构体预测比值与实际观测比值的比较

6.3 α–HCH/β–HCH

老化土壤实验体系内，五种不同有机质土壤中的α–HCH/β–HCH 随时间总体上呈下降趋势（图 6.11）。初始点比值与原药中的比值（3.2）接近，在实验初期（前 15 天）比值变化不大，但之后比值有显著下降趋势。到第 72 天时，五种土壤中的比值分别为：1.56、0.75、0.88、1.02 和 1.15。从上一章中各 HCHs 异构体的锁定比例（α–HCH 18.11%、β–HCH 29.26%）的结果可以看出，β–HCH 与土壤有机质的作用比α–HCH 强，所以后期比值明显低于原药中的比值。老化土壤体系中α–HCH/β–HCH 的值随时间有下降趋势，最终比值也很可能由两者的锁定态组分比值决定（图 6.12）。

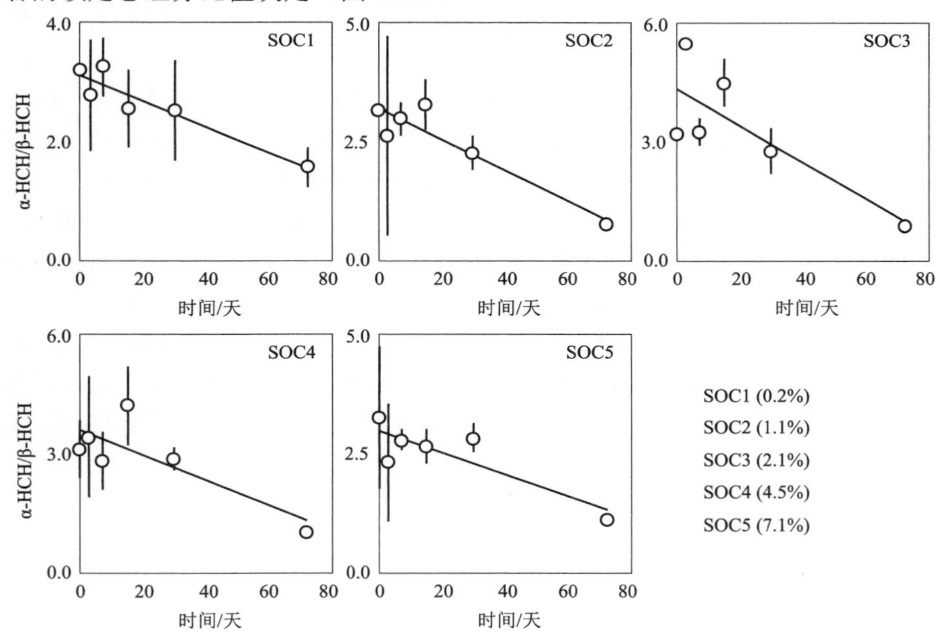

图 6.11 老化体系内不同有机质含量土壤中α–HCH/β–HCH 值随时间动态变化

由于β–HCH 的结构对称，它的物理和化学性质都比其他异构体稳定，比较难以被降解，在环境中的持久性较强（Chessells 等，1988），所以它与α–HCH 在环境中残留浓度的比值α–HCH/β–HCH 通常被用来评价 HCH 的施用历史。从我们实验中得到的结果可以看到，HCHs 各异构体的比例变化受到多种因素的共同影响，其中包括例如 HCHs 原药比例、施用方式、土壤性质、环境存留时间等。因此，当用异构体比值作为 OCPs 来源新旧的识别标准时，应该结合具体土壤及环境性质才能做出相对客观准确的判断。

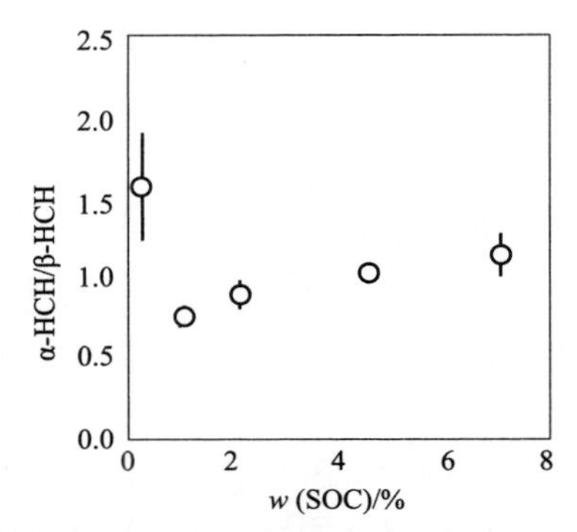

图 6.12　老化体系内第 72 天时土壤中α–HCH/β–HCH 值与 SOC 的关系

6.4　小结

（1）老化土壤体系的实验结果显示，（*p*, *p*'–DDE+*p*, *p*'–DDD）/*p*, *p*'–DDT 值并不是单纯地随时间的增加而越来越大，并且五种不同有机质含量的土壤中各时间点对应的（*p*, *p*'–DDE+*p*, *p*'–DDD）/*p*, *p*'–DDT 值和 DDT 的降解比例之间的关系并不是线性的正相关关系。控制老化土壤中（*p*, *p*'–DDE+ *p*, *p*'–DDD）/*p*, *p*'–DDT 值的关键因素是 DDT 和它的代谢产物 DDE 与 DDD 在土壤中的锁定机制，比值最终是由母体 DDT 和它的代谢产物各自的锁定比例所决定。

（2）α–HCH/β–HCH 的值受到多方面的因素的影响，例如 HCHs 原药、施用方式、土壤性质、环境存留时间等，总体来说，在土壤中老化一定时间的 HCHs，α–HCH/β–HCH 的值会随时间增加而下降，最终的值与各异构体的锁定比例相关。

第 7 章　DDTs 和 HCHs 的土–气交换

本章描述了老化土壤和暴露土壤体系中 OCPs 土壤和空气逸度的动态变化，分析了 HCHs 各异构体以及 DDTs 和它的代谢产物在老化土壤和暴露土壤中的土气平衡动态过程，讨论了 SOC 对 OCPs 土–气交换的影响。

7.1　逸度和逸度分数

Mackay 等在 1983 年首次将逸度的概念引入多介质环境数学模型中，用逸度作为判断界面平衡的准则（Mackay, 1983）。在本研究中，土壤（f_s）和空气（f_a）中的逸度分别用下面的公式计算得到（Harner 等，2001；Kurt-Karakus 等，2006；Wong 等，2008）：

$$f_s = C_s RT/(0.41\Phi_{om}K_{oa}) \tag{7.1}$$

$$f_a = C_a RT \tag{7.2}$$

其中，C_s 和 C_a 分别是指化合物在土壤和空气中的浓度(mol/m^3)；R 是气体常数（8.314 Pa・m^3/（mol・K））；T 是绝对温度（K）；Φ_{om} 是土壤中有机质含量分数（1.7×Φ_{oc}）；K_{oa} 是指化合物的正辛醇–空气分配系数。

基于 f_s 和 f_a 可以得到逸度分数（ff），其表达式如下：

$$ff = f_s/(f_s+f_a) \tag{7.3}$$

当 ff=0.5 时，表示土–气达到平衡；ff＞0.5，表示从土壤向大气的净挥发；ff＜0.5，表示从空气向土壤的净沉降。尽管理论上 ff=0.5 时才表示土–气达到平衡，但是误差分析表明 ff 为 0.3～0.7 时，土–气并没有显著的偏离平衡状态 (Harner 等, 2001)。因此，在本研究中我们认为 ff=0.3～0.7 表示土–气达到平衡，ff＞0.7 表示从土壤向空气的净挥发，ff＜0.3 表示从空气向土壤的净沉降。

7.2　老化土壤体系

7.2.1　逸度分数动态变化

老化土壤体系中 HCHs 和 DDTs 的各同分异构体的 ff 随时间的动态变化

如图 7.1 所示。从图 7.1 可以看出，在五种不同有机质含量的土壤中，各化合物的 *ff* 随时间均有不同程度的下降趋势，这表明体系内污染物持续地从土壤向空气挥发，逐渐地向平衡状态靠近，但是 *ff* 下降的速率很小，到实验结束时（72 天），*ff* 仍高于 0.7，远离平衡状态，表明在老化土壤体系中各化合物趋向平衡的速率很缓慢，达到平衡将需要很长的时间。表 7.1 表述了 HCHs 和 DDTs 同分异构体在各有机质含量不同的土壤中土–气平衡状态随时间的变化，从表中可以看到，在整个实验过程中，老化土壤中的 OCPs 化合物一直都处于从土壤向空气挥发的状态。

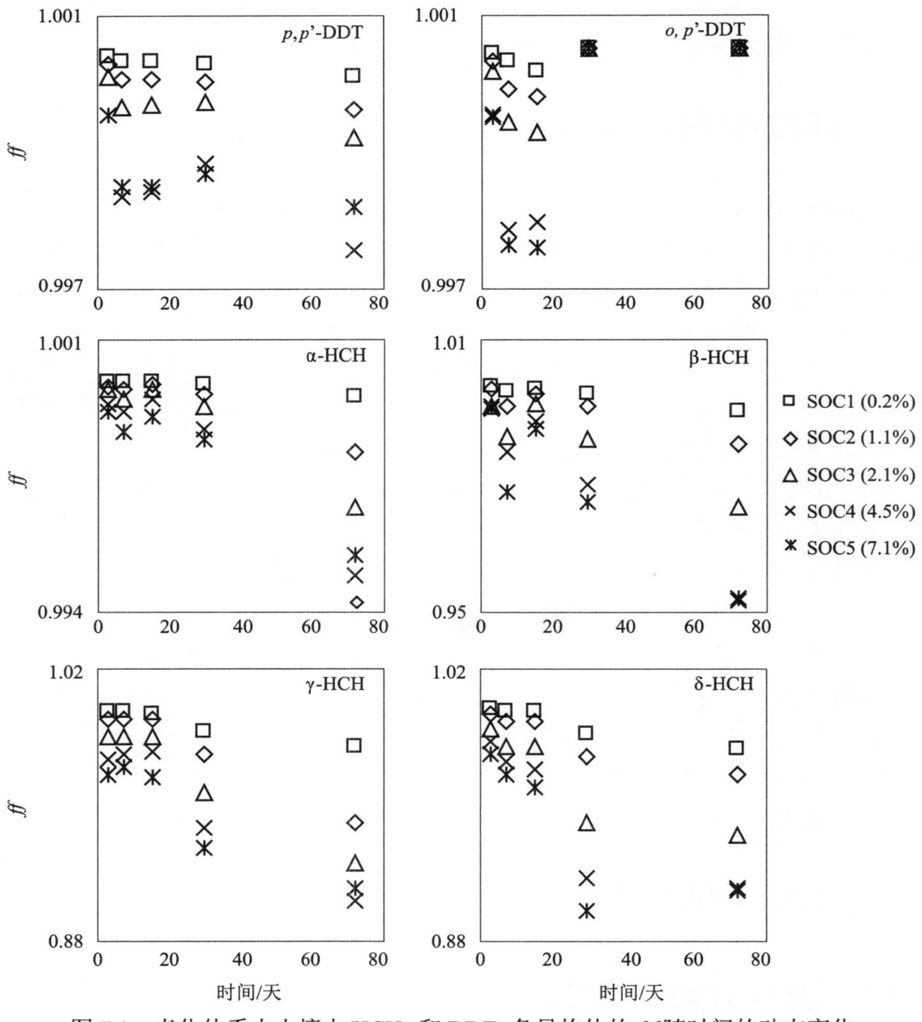

图 7.1 老化体系内土壤中 HCHs 和 DDTs 各异构体的 *ff* 随时间的动态变化

表 7.1 HCHs 和 DDTs 在不同有机质含量老化土壤中土–气平衡状态随时间变化示意表

α–HCH	时间/天						β–HCH	时间/天						γ–HCH	时间/天					
TOC	0	3	7	15	30	72	TOC	0	3	7	15	30	72	TOC	0	3	7	15	30	72
0.23	↑	↑	↑	↑	↑	↑	0.23	↑	↑	↑	↑	↑	↑	0.23	↑	↑	↑	↑	↑	↑
1.06	↑	↑	↑	↑	↑	↑	1.06	↑	↑	↑	↑	↑	↑	1.06	↑	↑	↑	↑	↑	↑
2.09	↑	↑	↑	↑	↑	↑	2.09	↑	↑	↑	↑	↑	↑	2.09	↑	↑	↑	↑	↑	↑
4.53	↑	↑	↑	↑	↑	↑	4.53	↑	↑	↑	↑	↑	↑	4.53	↑	↑	↑	↑	↑	↑
7.06	↑	↑	↑	↑	↑	↑	7.06	↑	↑	↑	↑	↑	↑	7.06	↑	↑	↑	↑	↑	↑
δ–HCH	时间/天						*p, p*'–DDT	时间/天						*o, p*'–DDT	时间/天					
TOC	0	3	7	15	30	72	TOC	0	3	7	15	30	72	TOC	0	3	7	15	30	72
0.23	↑	↑	↑	↑	↑	↑	0.23	↑	↑	↑	↑	↑	↑	0.23	↑	↑	↑	↑	↑	↑
1.06	↑	↑	↑	↑	↑	↑	1.06	↑	↑	↑	↑	↑	↑	1.06	↑	↑	↑	↑	↑	↑
2.09	↑	↑	↑	↑	↑	↑	2.09	↑	↑	↑	↑	↑	↑	2.09	↑	↑	↑	↑	↑	↑
4.53	↑	↑	↑	↑	↑	↑	4.53	↑	↑	↑	↑	↑	↑	4.53	↑	↑	↑	↑	↑	↑
7.06	↑	↑	↑	↑	↑	↑	7.06	↑	↑	↑	↑	↑	↑	7.06	↑	↑	↑	↑	↑	↑

注：↑=净挥发(ff＞0.7)；⊙=平衡(ff=0.3–0.7)；↓=净沉降(ff＜0.3)。

7.2.2 逸度分数与 SOC 的关系

HCHs 和 DDTs 各同分异构体在各时间点的 ff 与 SOC 的相关关系如图 7.2 所示。从图 7.2 中可以看到，ff 与 SOC 有负相关关系（$p<0.05$），并且随着时间增加，ff 与 SOC 的负相关关系逐渐增强，这表明 SOC 高的老化土壤更易趋向于平衡状态。

7.2.3 土–气平衡时间与 SOC 的关系

我们根据 DDTs 和 HCHs 各异构体在不同有机质含量土壤中 ff 随时间的动态变化曲线拟合方程，估算了它们在各土壤中达到平衡的时间。DDTs 和 HCHs 各异构体土–气达到平衡的时间与 SOC 的关系如图 7.3 所示。从图中可以看到，土–气平衡时间与 SOC 之间有负相关关系（$p<0.05$），这表明，在老化体系内，有机质含量高的老化土壤相对于有机质含量低的土壤更易达到土–气平衡，同时说明有机质含量高的土壤在农药禁用后不利于土壤中残留农药的挥发释放。

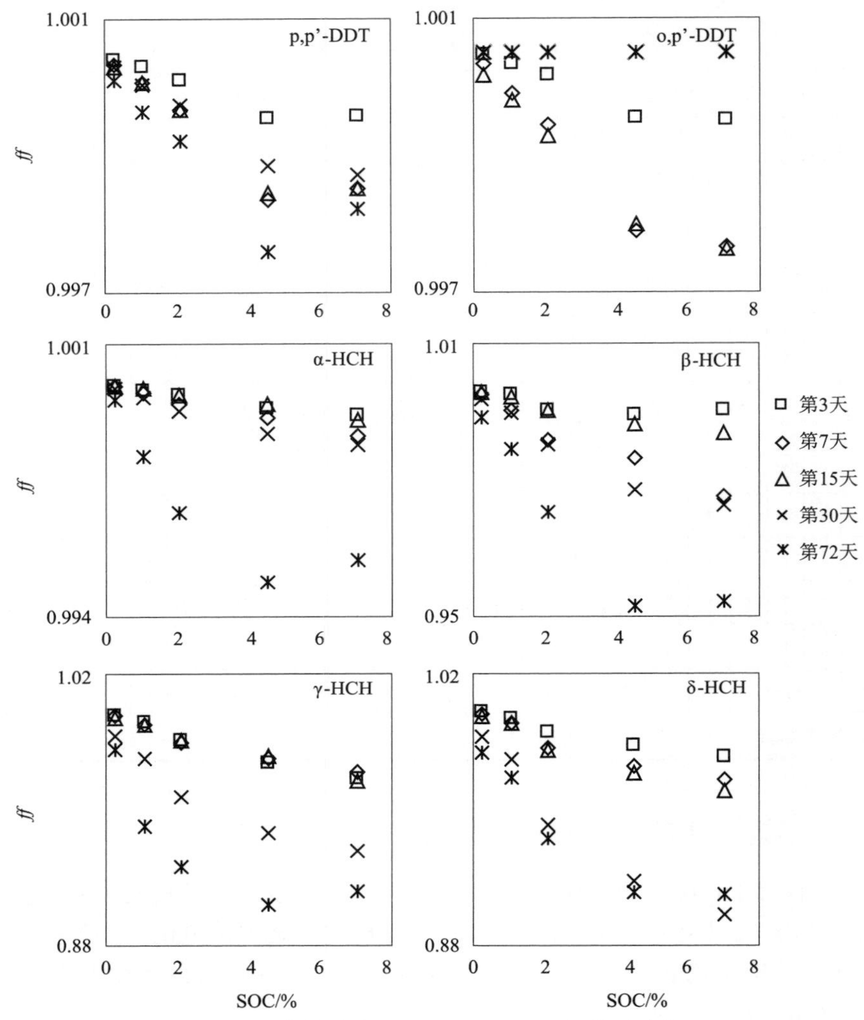

图 7.2 老化体系内 HCHs 和 DDTs 各同分异构体在各时间点的 *ff* 与 SOC 的相关关系

7.2.4 土–气平衡时间与化合物性质的关系

化合物的物理化学性质会对其土–气平衡过程产生影响，因此我们分析了 HCHs 各异构体土–气平衡时间与其 K_{oa} 之间的相关关系。相关分析结果显示化合物土–气平衡时间与 $\lg K_{oa}$ 之间有负相关关系（图 7.4），这表明老化土壤中疏水性越强的化合物更易趋向气土平衡，也就是说，疏水性强的 OCPs 化合物在农药禁用后不易于向大气中挥发释放。

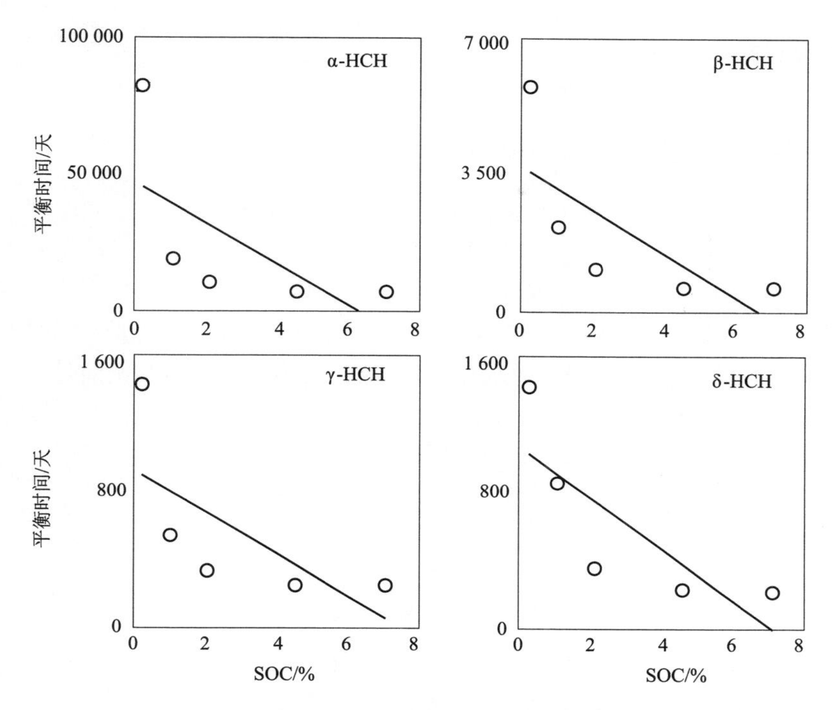

图 7.3　老化体系内 HCHs 和 DDTs 土–气平衡时间与 SOC 的关系

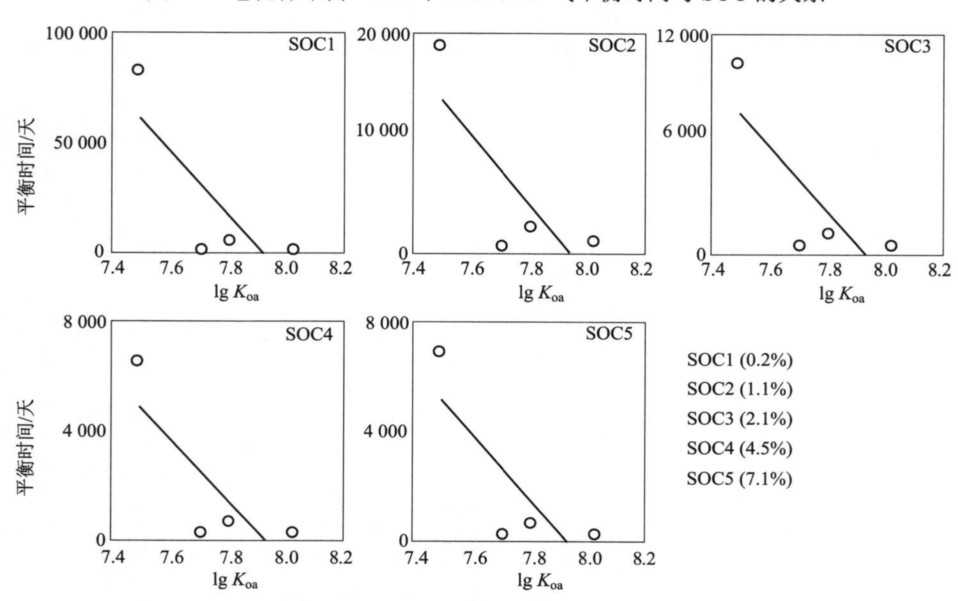

图 7.4　各有机质含量不同的老化土壤中 HCHs 各异构体土–气平衡时间与 lg K_{oa} 的关系

7.3 暴露土壤体系

7.3.1 逸度分数的动态变化

暴露土壤体系中 HCHs 和 DDTs 各同分异构体的 ff 随时间的动态变化如图 7.5 所示。从图 7.5 中可以看出，ff 总体上随时间增加呈上升趋势，表明随着污染物从大气向土壤的输送，土壤逸度不断增加，在 30 天以后，ff 基本恒定，土–气逐渐趋于稳态。表 7.2 表述了 HCHs 和 DDTs 各同分异构体在各有机质含量不同的土壤中土–气平衡状态随时间的变化。从表中可以看到，各化合物达到平衡的时间有一定差异，但是相对于老化土壤体系来说达到平衡的时间显著缩短；土–气交换的趋势基本是先由空气向土壤输送，一定时间后达到平衡，之后反向从土壤向空气挥发。

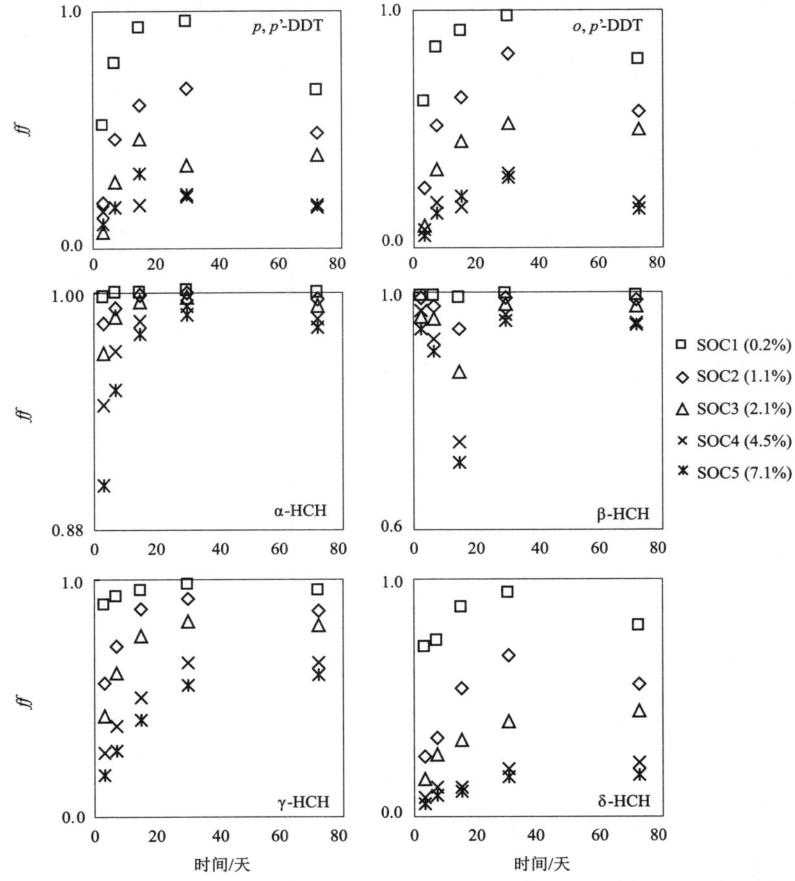

图 7.5 暴露体系内土壤中 DDTs 和 HCHs 各同分异构体的 ff 随时间的动态变化

表 7.2 HCHs 和 DDTs 在不同有机质含量暴露土壤中土–气平衡状态随时间变化示意表

α–HCH	时间/天						β–HCH	时间/天						γ–HCH	时间/天					
TOC	0	3	7	15	30	72	TOC	0	3	7	15	30	72	TOC	0	3	7	15	30	72
0.23	↓	↑	↑	↑	↑	↑	0.23	↓	↑	↑	↑	↑	↑	0.23	↓	↑	↑	↑	↑	↑
1.06	↓	↑	↑	↑	↑	↑	1.06	↓	↑	↑	↑	↑	↑	1.06	↓	⊙	↑	↑	↑	↑
2.09	↓	↑	↑	↑	↑	↑	2.09	↓	↑	↑	↑	↑	↑	2.09	↓	⊙	⊙	↑	↑	↑
4.53	↓	↑	↑	↑	↑	↑	4.53	↓	↑	↑	↑	↑	↑	4.53	↓	↓	⊙	⊙	⊙	⊙
7.06	↓	↑	↑	↑	↑	↑	7.06	↓	↑	↑	↑	↑	↑	7.06	↓	↓	↓	⊙	⊙	⊙
δ–HCH	时间/天						p, p'–DDT	时间/天						o, p'–DDT	时间/天					
TOC	0	3	7	15	30	72	TOC	0	3	7	15	30	72	TOC	0	3	7	15	30	72
0.23	↓	↑	↑	↑	↑	↑	0.23	↓	⊙	↑	↑	↑	⊙	0.23	↓	⊙	↑	↑	↑	↑
1.06	↓	↓	⊙	⊙	⊙	⊙	1.06	↓	↓	⊙	⊙	⊙	⊙	1.06	↓	↓	⊙	⊙	↑	⊙
2.09	↓	↓	↓	⊙	⊙	⊙	2.09	↓	↓	↓	⊙	⊙	⊙	2.09	↓	↓	⊙	⊙	⊙	⊙
4.53	↓	↓	↓	↓	↓	↓	4.53	↓	↓	↓	↓	↓	↓	4.53	↓	↓	↓	↓	⊙	↓
7.06	↓	↓	↓	↓	↓	↓	7.06	↓	↓	↓	⊙	↓	↓	7.06	↓	↓	↓	↓	⊙	↓

注：↑=净挥发（ff>0.7）；⊙=平衡(ff=0.3–0.7)；↓=净沉降(ff<0.3)。

7.3.2 逸度分数与 SOC 的关系

HCHs 和 DDTs 同分异构体在各时间点的逸度分数与 SOC 的相关关系如图 7.6 所示。从图 7.6 中可以看到，各时间点 ff 与 SOC 之间均表现出负相关关系，这表明 SOC 高的土壤逸度变化较小，达到平衡较慢。

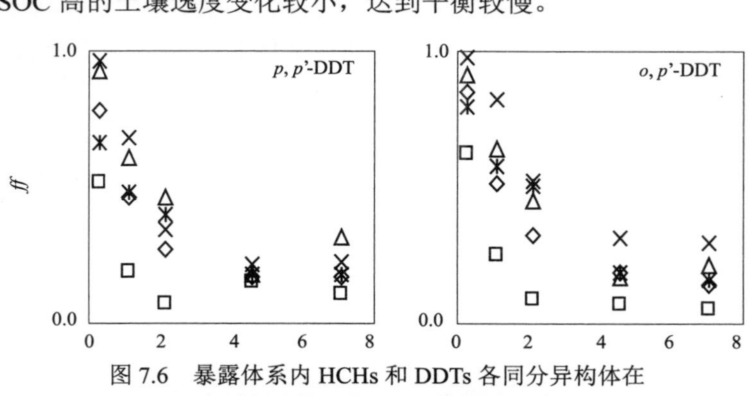

图 7.6 暴露体系内 HCHs 和 DDTs 各同分异构体在各时间点的 ff 与 SOC 的相关关系

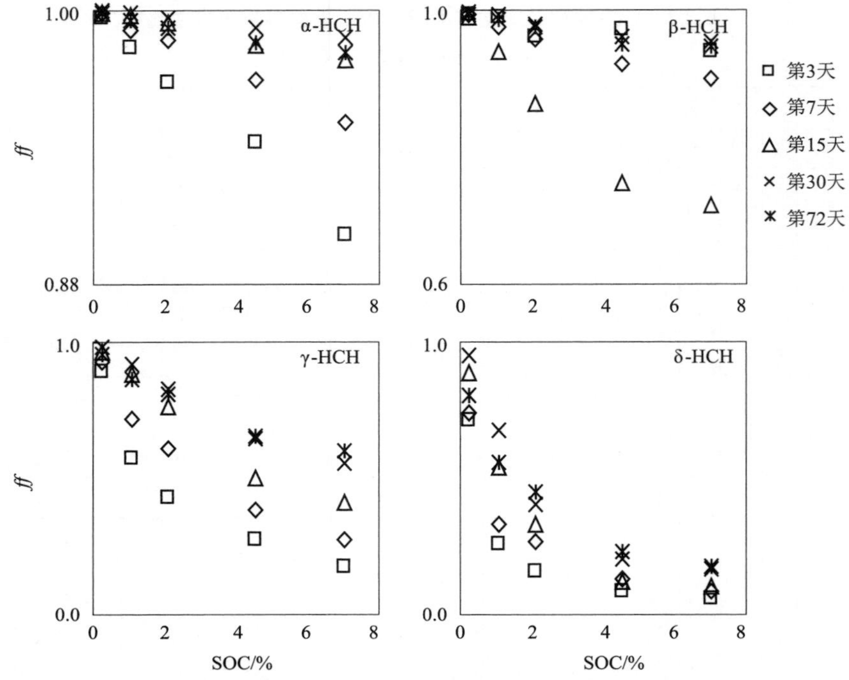

图 7.6　暴露体系内 HCHs 和 DDTs 各同分异构体在各时间点的 *ff* 与 SOC 的相关关系（续）

7.3.3　土–气平衡时间与 SOC 的关系

我们根据 HCHs 各异构体在不同有机质含量土壤中 *ff* 随时间的动态变化曲线拟合，估算了它们在各土壤中达到平衡的时间。HCHs 各异构体土–气达到平衡的时间与 SOC 含量的关系如图 7.7 所示，从图中可以看到土–气平衡时间与 SOC 含量之间有正相关关系（$p<0.05$），这表明在暴露体系内有机质含量高的土壤需要更长的平衡时间，也就是说，有机质含量高的土壤更利于农药在土壤中的累积。

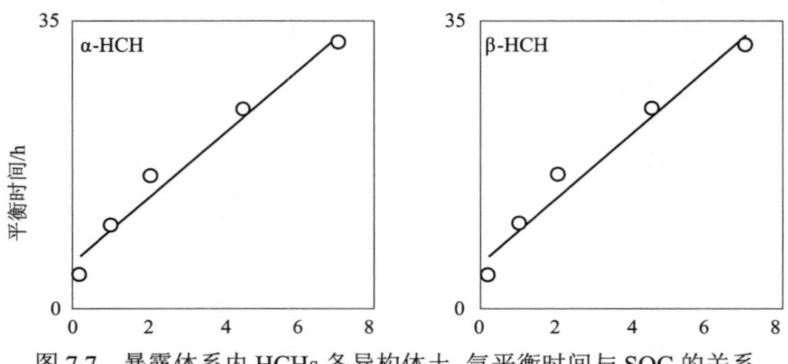

图 7.7　暴露体系内 HCHs 各异构体土–气平衡时间与 SOC 的关系

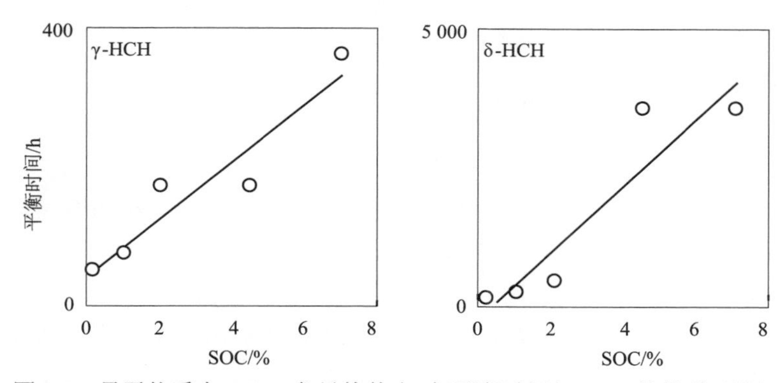

图 7.7 暴露体系内 HCHs 各异构体土–气平衡时间与 SOC 的关系（续）

7.3.4 土–气平衡时间与化合物性质的关系

化合物的物理化学性质会对其土–气平衡过程产生影响，因此我们分析了 HCHs 各异构体土–气平衡时间与其 K_{oa} 之间的相关关系。相关分析结果显示，化合物土–气平衡时间与 lg K_{oa} 之间有正相关关系（图 7.8），这表明疏水性越强的化合物达到平衡所需的时间越长，同时表明疏水性强的 OCPs 化合物在农药施用期更易于在土壤中累积。

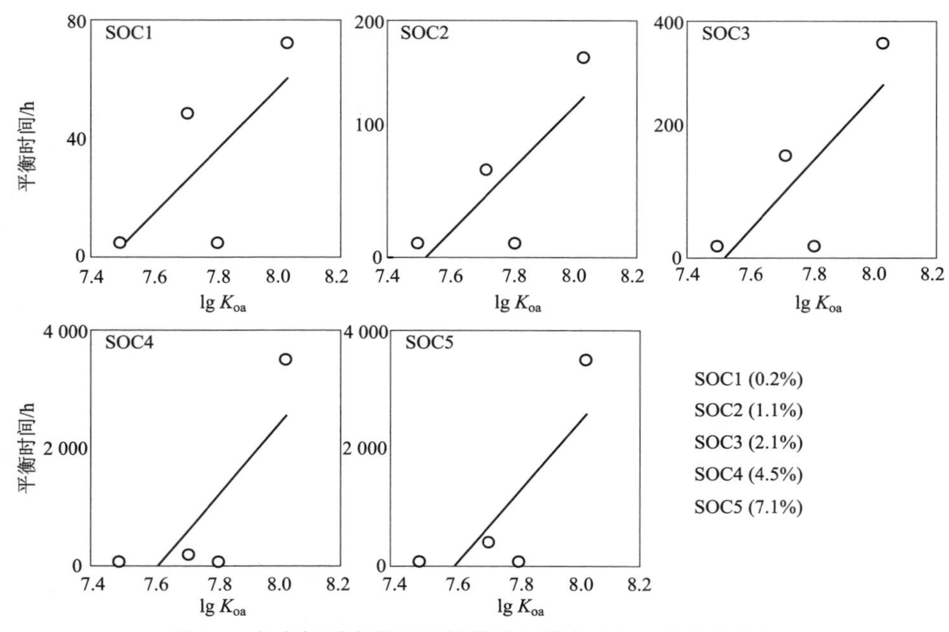

图 7.8 各有机质含量不同的暴露土壤中 HCHs 各异构体土–气平衡时间与 lg K_{oa} 的相关关系

7.4 小结

（1）老化体系气土交换研究结果表明，*ff* 与 SOC 之间有负相关关系，并且随时间增加，*ff* 与 SOC 的负相关关系逐渐增强，表明有机质含量高的老化土壤更易趋于平衡状态。土–气平衡时间与 SOC 之间有负相关关系，更一步表明在老化体系内有机质含量高的老化土壤相对于有机质含量低的土壤更易达到气土平衡，同时说明有机质含量高的土壤在农药禁用后不利于土壤中残留农药的挥发释放。

（2）暴露体系气土交换研究结果表明，*ff* 与 SOC 之间有负相关关系，表明有机质高的土壤逸度变化较小，达到平衡较慢。土气平衡时间与 SOC 之间有正相关关系，更进一步表明在暴露体系内有机质含量高的土壤相对于有机质含量低的土壤需要更长的平衡时间，同时表明有机质含量高的土壤在农药施用期有利于农药在土壤中的累积。

第8章　结　　论

本研究主要结论如下：

1. 海河平原土壤中∑DDTs残留浓度为（64±260）ng/g、∑HCHs残留浓度为（3.9±26）ng/g，整体污染水平比1980年下降了一个数量级。研究区域表土中的∑HCH和∑DDT的地理分布受了农业施用、工业排放及土壤性质等因素的综合制约，其中土壤有机质含量是最重要的影响因素，∑HCHs和∑DDTs的残留浓度与土壤有机质含量正相关。

2. α–HCH/β–HCH与∑HCH、*p*, *p*'–DDT/*p*, *p*'–DDE与∑DDT分别负相关，表明该区域内不存在普遍的HCHs和DDTs新源输入来源，它们之间的相关关系还表明施药时间长短不是影响α–HCH/β–HCH及*p*, *p*'–DDT/ *p*, *p*'–DDE值的唯一因素，历史施用的农药总量及持续时间等其他因素也可能对比值产生一定影响。

3. 区域气土逸度分析结果表明，研究区域环境中OCPs从土向气输送，土壤由OCPs的重要的汇转变成重要的二次排放源，而土壤有机质含量也对土壤逸度有影响，有机质含量高不利于土壤中残留OCPs的挥发释放。

4. 暴露土壤和老化土壤微宇宙实验数据综合分析表明，锁定作用是造成DDTs和HCHs土壤浓度与土壤有机质之间正相关关系的重要的机制，也是造成OCPs在土壤中残留持久性的重要机制。

5. 通过DDTs和HCHs在老化土壤中的降解损失比例对时间进行回归拟合，得到五种不同有机质含量土壤中的锁定比例，结果表明土壤有机质含量决定锁定比例，但对损失速率没有显著影响，且K_{oa}越高的化合物即疏水性越强的化合物，其锁定比例越高。

6. 控制老化土壤中(*p*, *p*'–DDE+*p*, *p*'–DDD)/*p*, *p*'–DDT 值的关键因素是DDT及其代谢产物DDE和DDD在土壤中的锁定机制，比值最终由母体DDT和它的代谢产物各自的锁定比例决定。由此可见，简单地用比值 (*p*, *p*'–DDE+*p*, *p*'–DDD)/*p*, *p*'–DDT判断DDTs是否仍有施用并不可靠。

7. 微宇宙实验的气土逸度分析结果表明，有机质含量会影响农药的气土分配平衡，相对于有机质含量低的土壤而言，有机质含量较高的土壤在暴露情况下达到气土平衡的时间较长，这表明有机质含量高的土壤在农药施用时期有利于农药累积，而相对于有机质含量低的土壤而言，有机质含量较高的老化土壤则更易达到气土平衡状态，这表明有机质含量高的土壤在农药禁用后不利于残留农药的挥发释放。

参 考 文 献

蔡道基（1999）：农药环境毒理学研究. 中国环境科学出版社.

风野光（1983）：发展中国家农药使用的现状与将来. 农药译丛，5（5）：27.

刘征涛（2005）：持久性有机污染物的主要特征和研究进展.环境科学研究 18: 93-102.

洪青, 蒋新, 李顺鹏（2008）：微生物降解 DDT 研究进展. 土壤 40（3）：329-334.

刘维屏（2006）：农药环境化学（精）. 化学工业出版社.

潘波（2005）： 土壤有机质的存在形式及对菲的吸附特征. 北京大学博士论文.

唐纳德・麦凯（1983）：环境多介质模型逸度方法. 化学工业出版社.

威尔金逊（1985）：杀虫药剂的生物化学和生理学. 科学出版社.

徐亮, 刘月雪, 包维楷（2003）：生物体内有机氯农药的研究进展. 四川环境 22（5）：15-21.

Aigner, E. J., Leone, A. D., and Falconer, R. L. (1998): Concentrations and enantiomeric ratios of organochlorine pesticides in soil from the US Corn Belt. *Environmental Science & Technology* **32**, 1162-1168.

Aislabie, J. M., Richards, N. K., and Boul, H. L. (1997): Microbial degradation of DDT and its residues - A review. *New Zealand Journal of Agricultural Research* **40**, 269-282.

Alexander, M. (1995): How Toxic Are Toxic-Chemicals in Soil. *Environmental Science & Technology* **29**, 2713-2717.

Alexander, R. R., and Alexander, M. (1999): Genotoxicity of two polycyclic aromatic hydrocarbons declines as they age in soil. *Environmental Toxicology and Chemistry* **18**, 1140-1143.

Alexander, R. R., Chung, N. H., and Alexander, M. (1999): Solid-phase genotoxicity assay for organic compounds in soil. *Environmental Toxicology and Chemistry* **18**, 420-425.

An, Q., Dong, Y. H., Wang, H., and Ge, C. J. (2005): Residues and Distribution Character of Organochlorine Pesticides in Soils in Nanjing Area. *Acta Scientiae Circumstantiae* **25**, 470-474.

An, Q., Dong, Y. h., Wang, H., Wang, X., Wang, M. N., and Guo, Z. X. (2004): Organochlorine Pesticide Residues in Cultivated Soils, in the South of Jiangsu, China. *Acta Pedologica Sinica* **41**, 414-419.

Bachmann, A., Debruin, W., Jumelet, J. C., Rijnaarts, H. H. N., and Zehnder, A. J. B. (1988a): Aerobic Biomineralization of Alpha-Hexachlorocyclohexane in Contaminated Soil. *Applied and Environmental Microbiology* **54**, 548-554.

Bachmann, A., Walet, P., Wijnen, P., Debruin, W., Huntjens, J. L. M., Roelofsen, W., and Zehnder, A. J. B. (1988b): Biodegradation of Alpha-Hexachlorocyclohexane and Beta-Hexachlorocyclohexane in a Soil Slurry under Different Redox Conditions. *Applied and Environmental Microbiology* **54**, 143-149.

Barker, P. S., Morrison, F. O., and Whitaker, R. S. (1965): Conversion of Ddt to Ddd by Proteus Vulgaris a Bacterium Isolated from Intestinal Flora of a Mouse. *Nature* **205**, 621-&.

Barrie, L. A., Gregor, D., Hargrave, B., Lake, R., Muir, D., Shearer, R., Tracey, B., and Bidleman, T. (1992): Arctic Contaminants-Sources, Occurrence and Pathways. *Science of the Total Environment* **122**, 1-74.

Baxter, R. M. (1990): Reductive Dechlorination of Certain Chlorinated Organic-Compounds by Reduced Hematin Compared with Their Behavior in the Environment. *Chemosphere* **21**, 451-458.

Beard, J., and Collabor, A. R. H. R. (2006): DDT and human health. *Science of the Total Environment* **355**, 78-89.

Beunink, J., and Rehm, H. J. (1988): Synchronous Anaerobic and Aerobic Degradation of Ddt by an Immobilized Mixed Culture System. *Applied Microbiology and Biotechnology* **29**, 72-80.

Bhatnagar, V. K., Kashyap, R., and Saiyed, H. N. (2006): Residues of organochlorine pesticides in human blood in Ahmedabad, India. *Asian Journal of Chemistry* **18**, 1583-1585.

Bidleman, T. E., and Leone, A. (2004a): Soil-air relationships for toxaphene in the southern United States. *Environmental Toxicology and Chemistry* **23**, 2337-2342.

Bidleman, T. F., and Leone, A. D. (2004b): Soil-air exchange of organochlorine pesticides in the Southern United States. *Environmental Pollution*

128, 49-57.

Bidleman, T. F., Leone, A. D., Wong, F., van Vliet, L., Szeto, S., and Ripley, B. D. (2006): Emission of legacy chlorinated pesticides from agricultural and orchard soils in British Columbia, Canada. *Environmental Toxicology and Chemistry* **25**, 1448-1457.

Binelli, A., and Provini, A. (2004): Risk for human health of some POPs due to fish from Lake Iseo. *Ecotoxicology and Environmental Safety* **58**, 139-145.

Bogan, B. W., and Sullivan, W. R. (2003): Physicochemical soil parameters affecting sequestration and mycobacterial biodegradation of polycyclic aromatic hydrocarbons in soil. *Chemosphere* **52**, 1717-1726.

Boul, H. L., Garnham, M. L., Hucker, D., Baird, D., and Aislable, J. (1994): Influence of Agricultural Practices on the Levels of Ddt and Its Residues in Soil. *Environmental Science & Technology* **28**, 1397-1402.

Bowmer, K. H. (1991): Atrazine Persistence and Toxicity in 2 Irrigated Soils of Australia. *Australian Journal of Soil Research* **29**, 339-350.

Bumpus, J. A., and Aust, S. D. (1987): Biodegradation of DDT [1,1,1-Trichloro-2,2-Bis(4-Chlorophenyl)Ethane] by the White Rot Fungus Phanerochaete-Chrysosporium. *Applied and Environmental Microbiology* **53**, 2001-2008.

Buser, H. R., and Muller, M. D. (1995): Isomer and Enantioselective Degradation of Hexachlorocyclohexane Isomers in Sewage-Sludge under Anaerobic Conditions. *Environmental Science & Technology* **29**, 664-672.

Bustnes, J. O., Erikstad, K. E., Skaare, J. U., Bakken, V., and Mehlum, F. (2003): Ecological effects of organochlorine pollutants in the Arctic: A study of the Glaucous Gull. *Ecological Applications* **13**, 504-515.

Chen, J. J., Zhang, N. M., Qin, L., and Chen, H. Y. (2004): Heavy Metal Pollution and Pesticide Residues in Soils of Kunming Area, China. *Rural Eco-Environment* **20**, 37-40.

Chen, L. G., Ran, Y., Xing, B. S., Mai, B. X., He, J. H., Wei, X. G., Fu, J. M., and Sheng, G. Y. (2005a): Contents and sources of polycyclic aromatic hydrocarbons and organochlorine pesticides in vegetable soils of Guangzhou, China. *Chemosphere* **60**, 879-890.

Chen, Y., Wang, C. X., and Wang, Z. J. (2005b): Residues and source identification of persistent organic pollutants in farmland soils irrigated by effluents from biological treatment plants. *Environment International* **31**, 778-783.

Chessells, M. J., Hawker, D. W., Connell, D. W., and Papajcsik, I. A. (1988):

Factors Influencing the Distribution of Lindane and Isomers in Soil of an Agricultural Environment. *Chemosphere* **17**, 1741-1749.

Chikuni, O., Skare, J. U., Nyazema, N., and Polder, A. (1991): Residues of Organochlorine Pesticides in Human-Milk from Mothers Living in the Greater Harare Area of Zimbabwe. *Central African Journal of Medicine* **37**, 136-141.

Chiou, C. T., Porter, P. E., and Schmedding, D. W. (1983): Partition Equilibria of Non-Ionic Organic-Compounds between Soil Organic-Matter and Water. *Environmental Science & Technology* **17**, 227-231.

Cornelissen, G., Gustafsson, O., Bucheli, T. D., Jonker, M. T. O., Koelmans, A. A., and Van Noort, P. C. M. (2005): Extensive sorption of organic compounds to black carbon, coal, and kerogen in sediments and soils: Mechanisms and consequences for distribution, bioaccumulation, and biodegradation. *Environmental Science & Technology* **39**, 6881-6895.

D'Amato, C., Torres, J. P. M., and Malm, O. (2002): DDT (dichlorodiphenyltrichloroethane): Toxicity and environmental contamnation - A review. *Quimica Nova* **25**, 995-1002.

Dickhut, R. M., Cincinelli, A., Cochran, M., and Ducklow, H. W. (2005): Atmospheric concentrations and air-water flux of organochlorine pesticides along the western Antarctic Peninsula. *Environmental Science & Technology* **39**, 465-470.

Dimond, J. B., and Owen, R. B. (1996): Long-term residue of DDT compounds in forest soils in Maine. *Environmental Pollution* **92**, 227-230.

Dou, W., and Zhao, Z. X. (1996): A Study on Bioaccumulation of HCH and DDT in Fish Muscles of Different Food Structure from Baiyangdian Lake. *Advances In Environmental Science* **4**, 51-56.

Feng, K., Yu, B. Y., Ge, D. M., Wong, M. H., Wang, X. C., and Cao, Z. H. (2003): Organo-chlorine Pesticide (DDT and HCH) Residues in the Taihu Lake Region and its Movement in Soil-water System I. Field Survey of DDT and HCH Residues in Ecosystem of the Region. *Chemosphere* **50**, 683-687.

Fernandez, M., Cuesta, S., Jimenez, O., Garcia, M. A., Hernandez, L. M., Marina, M. L., and Gonzalez, M. J. (2000): Organochlorine and heavy metal residues in the water/sediment system of the Southeast Regional Park in Madrid, Spain. *Chemosphere* **41**, 801-812.

Fierer, N., and Schimel, J. P. (2002): Effects of drying-rewetting frequency on soil carbon and nitrogen transformations. *Soil Biology & Biochemistry* **34**, 777-787.

Focht, D. D., and Alexande.M (1970): Bacterial Degradation of

Diphenylmethane, a Ddt Model Substrate. *Applied Microbiology* **20**, 608-&.

Gao, H. J., Jiang, X., Wang, F., Bian, Y. R., Wang, D. Z., Dend, J. C., and Yan, D. Y. (2005): Residual levels and new inputs of chlorinated POPs in agricultural soils from Taihu Lake region. *Pedosphere* **15**, 301-309.

Garcia-Reyero, N., Barber, D. S., Gross, T. S., Johnson, K. G., Sepulveda, M. S., Szabo, N. J., and Denslow, N. D. (2006): Dietary exposure of largemouth bass to OCPs changes expression of genes important for reproduction. *Aquatic Toxicology* **78**, 358-369.

Ge, C. J., An, Q., Dong, Y. H., and Yu, H. M. (2006): Distribution of Organic Pollutants in Agricultural Soil in Nanjing City. *Resources and Environment in the Yangtze Basin* **15**, 361-365.

Geng, C. Z., Li, M. L., Yang, Y. L., Zhang, L. F., and Nie, L. M. (2006): Study and Analysis of Pollution Levels of OCPs and PCBs in Soils in Qingdao Area. *J. of Qingdao Univ. (E&T)* **21**, 42-48.

Ghosh, U. (2007): The role of black carbon in influencing availability of PAHs in sediments. *Human and Ecological Risk Assessment* **13**, 276-285.

Gong, Z. M., Tao, S., Xu, F. L., Dawson, R., Liu, W. X., Cui, Y. H., Cao, J., Wang, X. J., Shen, W. R., Zhang, W. J., Qing, B. P., and Sun, R. (2004): Level and distribution of DDT in surface soils from Tianjin, China. *Chemosphere* **54**, 1247-1253.

Gong, Z. M., Wang, X. J., Li, B. G., Cao, J., Xu, F. L., Cui, Y. H., Zhang, W. J., Shen, W. R., Qin, B. P., Sun, R., and Tao, S. (2003): The Residues Distribution of DDT and its Metabolites in Soils from Tianjin Region, China. *Acta Scientiae Circumstantiae* **23**, 447-451.

Guan, H., Yang, G. Y., Li, P. X., Wan, H. F., and Wang, X. M. (2006): Investigation on Organochlorine Pesticides Pollution in Soil of Typical Area in Leizhou Peninsula. *Ecology and Environment* **15**, 323--326.

Guo, J. Y., Meng, X. Z., Mai, B. X., Luo, X. J., Wu, F. C., and Zeng, E. Y. (2006): DDTs in Seafood Products from the Coastal Region of Guangdong Province and Human Exposure Assessment. *Asian Journal of Ecotoxicology* **1**, 236-242.

Guo, L. L., Qiu, Y. W., Zhang, G., Zheng, G. J., Lam, P. K. S., and Li, X. D. (2008): Levels and bioaccumulation of organochlorine pesticides (OCPs) and polybrominated diphenyl ethers (PBDEs) in fishes from the Pearl River estuary and Daya Bay, South China. *Environmental Pollution* **152**, 604-611.

Guo, Y., Yu, H. Y., and Zeng, E. Y. (2009): Occurrence, source diagnosis, and biological effect assessment of DDT and its metabolites in various environmental compartments of the Pearl River Delta, South China: A review. *Environmental Pollution* **157**, 1753-1763.

Harner, T., Bidleman, T. F., Jantunen, L. M. M., and Mackay, D. (2001): Soil-air exchange model of persistent pesticides in the United States cotton belt. *Environmental Toxicology and Chemistry* **20**, 1612-1621.

Harner, T., Wideman, J. L., Jantunen, L. M. M., Bidleman, T. F., and Parkhurst, M. J. (1999): Residues of organochlorine pesticides in Alabama soils. *Environmental Pollution* **106**, 323-332.

Hatzinger, P. B., and Alexander, M. (1995): Effect of Aging of Chemicals in Soil on Their Biodegradability and Extractability. *Environmental Science & Technology* **29**, 537-545.

Haugen, J. E., Wania, F., Ritter, N., and Schlabach, M. (1998): Hexachlorocyclohexanes in air in southern Norway. Temporal variation, source allocation, and temperature dependence. *Environmental Science & Technology* **32**, 217-224.

Hay, A. G., and Focht, D. D. (1998): Cometabolism of 1,1-dichloro-2,2-bis(4-chlorophenyl)ethylene by Pseudomonas acidovorans M3GY grown on biphenyl. *Applied and Environmental Microbiology* **64**, 2141-2146.

Helberg, M., Bustnes, J. O., Erikstad, K. E., Kristiansen, K. O., and Skaare, J. U. (2005): Relationships between reproductive performance and organochlorine contaminants in great black-backed gulls (Larus marinus). *Environmental Pollution* **134**, 475-483.

Hitch, R. K., and Day, H. R. (1992): Unusual Persistence of Ddt in Some Western USA Soils. *Bulletin of Environmental Contamination and Toxicology* **48**, 259-264.

Hu, X. Y., and Ai, T. C. (2006): Pesticide Residues in Tea and Soils in East (Northeast) Hubei, China. *Journal of Agro-Environment Science* **25**, 61-64.

Huang, W. L., and Weber, W. J. (1997): A distributed reactivity model for sorption by soils and sediments .10. Relationships between desorption, hysteresis, and the chemical characteristics of organic domains. *Environmental Science & Technology* **31**, 2562-2569.

Huang, W. L., Young, T. M., Schlautman, M. A., Yu, H., and Weber, W. J. (1997): A distributed reactivity model for sorption by soils and sediments .9. General isotherm nonlinearity and applicability of the dual reactive domain model.

Environmental Science & Technology **31**, 1703-1710.

Hura, C., Leanca, M., Rusu, L., and Hura, B. A. (1999): Risk assessment of pollution with pesticides in food in the Eastern Romania area (1996-1997). *Toxicology Letters* **107**, 103-107.

Inomata, O. N. K., Montone, R. C., Lara, W. H., Weber, R. R., and Toledo, H. H. B. (1996): Tissue distribution of organochlorine residues - PCBs and pesticides - In Antarctic penguins. *Antarctic Science* **8**, 253-255.

Ismail, I. M. K., and Rodgers, S. L. (1992): Comparisons between Fullerene and Forms of Well-Known Carbons. *Carbon* **30**, 229-239.

Iwata, H., Tanabe, S., Sakal, N., and Tatsukawa, R. (1993a): Distribution of Persistent Organochlorines in the Oceanic Air and Surface Seawater and the Role of Ocean on Their Global Transport and Fate. *Environmental Science & Technology* **27**, 1080-1098.

Iwata, H., Tanabe, S., and Tatsukawa, R. (1993b): A New View on the Divergence of Hch Isomer Compositions in Oceanic Air. *Marine Pollution Bulletin* **26**, 302-305.

Jones, K. C., and de Voogt, P. (1999): Persistent organic pollutants (POPs): state of the science. *Environmental Pollution* **100**, 209-221.

Kallman, B. J., and Andrews, A. K. (1963): Reductive Dechlorination of Ddt to Ddd by Yeast. *Science* **141**, 1050-&.

Kamarianos, A., Iosifidou, E. G., Batzios, C., Psomas, I. E., and Kilikidis, S. (1997): Residues of organochlorine pesticides and PCBs in human adipose tissues in Greece. *Fresenius Environmental Bulletin* **6**, 383-389.

Kan, A. T., Fu, G., Hunter, M., Chen, W., Ward, C. H., and Tomson, M. B. (1998): Irreversible sorption of neutral hydrocarbons to sediments: Experimental observations and model predictions. *Environmental Science & Technology* **32**, 892-902.

Kang, J. H., Park, H., Chang, Y. S., and Choi, J. W. (2008): Distribution of organochlorine pesticides (OCPs) and polychlorinated biphenyls (PCBs) in human serum from urban areas in Korea. *Chemosphere* **73**, 1625-1631.

Kannan, K., Battula, S., Loganathan, B. G., Hong, C. S., Lam, W. H., Villeneuve, D. L., Sajwan, K., Giesy, J. P., and Aldous, K. M. (2003): Trace organic contaminants, including toxaphene and trifluralin, in cotton field soils from Georgia and South Carolina, USA. *Archives of Environmental Contamination and Toxicology* **45**, 30-36.

Karickhoff, S. W., Brown, D. S., and Scott, T. A. (1979): Sorption of Hydrophobic Pollutants on Natural Sediments. *Water Research* **13**, 241-248.

Katayama, A., Uchida, S., and Kuwatsuka, S. (1992): Degradation of White-Rot Fungi under Nutrient-Rich Conditions. *Journal of Pesticide Science* **17**, 279-281.

Kelsey, J. W., Kottler, B. D., and Alexander, M. (1997): Selective chemical extractants to predict bioavailability of soil-aged organic chemicals. *Environmental Science & Technology* **31**, 214-217.

Kim, S. K., Oh, J. R., Shim, W. J., Lee, D. H., Yim, U. H., Hong, S. H., Shin, Y. B., and Lee, D. S. (2002): Geographical distribution and accumulation features of organochlorine residues in bivalves from coastal areas of South Korea. *Marine Pollution Bulletin* **45**, 268-279.

Kleineidam, S., Schuth, C., and Grathwohl, P. (2002): Solubility-normalized combined adsorption-partitioning sorption isotherms for organic pollutants. *Environmental Science & Technology* **36**, 4689-4697.

Kostyniak, P. J., Stinson, C., Greizerstein, H. B., Vena, J., Buck, G., and Mendola, P. (1999): Relation of Lake Ontario fish consumption, lifetime lactation, and parity to breast milk polychlorobiphenyl and pesticide concentrations. *Environmental Research* **80**, S166-S174.

Kurt-Karakus, P. B., Bidleman, T. F., Staebler, R. M., and Jones, K. C. (2006): Measurement of DDT fluxes from a historically treated agricultural soil in Canada. *Environmental Science & Technology* **40**, 4578-4585.

Kutz, F. W., Wood, P. H., and Bottimore, D. P. (1991): Organochlorine Pesticides and Polychlorinated-Biphenyls in Human Adipose-Tissue. *Reviews of Environmental Contamination and Toxicology* **120**, 1-82.

Lal, R., and Saxena, D. M. (1982): Accumulation, Metabolism, and Effects of Organochlorine Insecticides on Microorganisms. *Microbiological Reviews* **46**, 95-127.

Leone, A. D., Amato, S., and Falconer, R. L. (2001): Emission of chiral organochlorine pesticides from agricultural soils in the cornbelt region of the US. *Environmental Science & Technology* **35**, 4592-4596.

Li, C. T., Lin, Y. C., Lee, W. J., and Tsai, P. J. (2003a): Emission of polycyclic aromatic hydrocarbons and their carcinogenic potencies from cooking sources to the urban atmosphere. *Environmental Health Perspectives* **111**, 483-487.

Li, L., and Zhao, X. S. (2005): Investigation and Assessment on Pollution of

Ginseng Cultivation Soil in the East Mountain Areas of Jilin Province, China. *Journal of Agro-Environment Science* **24**, 403-406.

Li, X. H., Ma, L. L., Liu, X. F., Fu, S., Cheng, H. X., and Xu, X. B. (2005): Distribution of organochlorine pesticides in urban soil from Beijing, people's republic of China. *Bulletin of Environmental Contamination and Toxicology* **74**, 938-945.

Li, Y. F. (1999): Global technical hexachlorocyclohexane usage and its contamination consequences in the environment: from 1948 to 1997. *Science of the Total Environment* **232**, 121-158.

Li, Y. F., Cai, D. J., and Singh, A. (1998): Technical hexachlorocyclohexane use trends in China and their impact on the environment. *Archives of Environmental Contamination and Toxicology* **35**, 688-697.

Li, Y. F., and Macdonald, R. W. (2005): Sources and pathways of selected organochlorine pesticides to the Arctic and the effect of pathway divergence on HCH trends in biota: a review. *Science of the Total Environment* **342**, 87-106.

Li, Y. F., McMillan, A., and Scholtz, M. T. (1996): Global HCH usage with 1 degrees x1 degrees longitude/latitude resolution. *Environmental Science & Technology* **30**, 3525-3533.

Li, Y. F., Scholtz, M. T., and Van Heyst, B. J. (2003b): Global gridded emission inventories of 6-hexachlorocyclohexane. *Environmental Science & Technology* **37**, 3493-3498.

Lichtenstein, E. P., Depew, L. J., Eshbaugh, E. L., and Sleesman, J. P. (1960): Persistence of Ddt, Aldrin, and Lindane in Some Midwestern Soils. *Journal of Economic Entomology* **53**, 136-142.

Lie, E., Bernhoft, A., Riget, F., Belikov, S. E., Boltunov, A. N., Derocher, A. E., Garner, G. W., Wiig, O., and Skaare, J. U. (2003): Geographical distribution of organochlorine pesticides (OCPs) in polar bears (Ursus maritimus) in the Norwegian and Russian Arctic. *Science of the Total Environment* **306**, 159-170.

Liu, S. L., Qin, Q. F., and Li, Q. Q. (2006): Investigation of Organochlorine Pesticide Residue in Soil and Water in the Agricultural Products Base in Xiaogan, China. *J. Eniviron. Health* **23**, 158-160.

Liu, Y. N., Tao, S., Dou, H., Zhang, T. W., Zhang, X. L., and Dawson, R. (2007): Exposure of traffic police to Polycyclic aromatic hydrocarbons in Beijing, China. *Chemosphere* **66**, 1922-1928.

Longnecker, M. P. (2005): Review of human data on effects of DDT, and some new results. *Epidemiology* **16**, S34-S35.

Lu, C. S., Fenske, R. A., Simcox, N. J., and Kalman, D. (2000): Pesticide exposure of children in an agricultural community: Evidence of household proximity to farmland and take home exposure pathways. *Environmental Research* **84**, 290-302.

Luthy, R. G., Aiken, G. R., Brusseau, M. L., Cunningham, S. D., Gschwend, P. M., Pignatello, J. J., Reinhard, M., Traina, S. J., Weber, W. J., and Westall, J. C. (1997): Sequestration of hydrophobic organic contaminants by geosorbents. *Environmental Science & Technology* **31**, 3341-3347.

MacDonald, R. W., Barrie, L. A., Bidleman, T. F., Diamond, M. L., Gregor, D. J., Semkin, R. G., Strachan, W. M. J., Li, Y. F., Wania, F., Alaee, M., Alexeeva, L. B., Backus, S. M., Bailey, R., Bewers, J. M., Gobeil, C., Halsall, C. J., Harner, T., Hoff, J. T., Jantunen, L. M. M., Lockhart, W. L., Mackay, D., Muir, D. C. G., Pudykiewicz, J., Reimer, K. J., Smith, J. N., Stern, G. A., Schroeder, W. H., Wagemann, R., and Yunker, M. B. (2000): Contaminants in the Canadian Arctic: 5 years of progress in understanding sources, occurrence and pathways. *Science of the Total Environment* **254**, 93-234.

Mader, B. T., Goss, K. U., and Eisenreich, S. J. (1997): Sorption of nonionic, hydrophobic organic chemicals to mineral surfaces. *Environmental Science & Technology* **31**, 1079-1086.

Manirakiza, P., Akinbamijo, O., Covaci, A., Pitonzo, R., and Schepens, P. (2003): Assessment of organochlorine pesticide residues in West African city farms: Banjul and Dakar case study. *Archives of Environmental Contamination and Toxicology* **44**, 171-179.

Marschner, B. (1999): Sorption of polycyclic aromatic hydrocarbons (PAH) and polychlorinated biphenyls (PCB) in soil. *Journal of Plant Nutrition and Soil Science* **162**, 1-14.

Mcginley, P. M., Katz, L. E., and Weber, W. J. (1989): Multi-Solute Effects in the Sorption of Hydrophobic Organic-Compounds by Aquifer Soils. *Abstracts of Papers of the American Chemical Society* **198**, 54-Envr.

McLachlan, M. S. (1996): Bioaccumulation of hydrophobic chemicals in agricultural feed chains. *Environmental Science & Technology* **30**, 252-259.

Means, J. C., Wood, S. G., Hassett, J. J., and Banwart, W. L. (1980): Sorption of Polynuclear Aromatic-Hydrocarbons by Sediments and Soils. *Environmental Science & Technology* **14**, 1524-1528.

Meijer, S. N., Ockenden, W. A., Sweetman, A., Breivik, K., Grimalt, J. O., and Jones, K. C. (2003a): Global distribution and budget of PCBs and HCB in background surface soils: Implications or sources and environmental processes. *Environmental Science & Technology* **37**, 667-672.

Meijer, S. N., Shoeib, M., Jantunen, L. M. M., Jones, K. C., and Harner, T. (2003b): Air-soil exchange of organochlorine pesticides in agricultural soils. 1. Field measurements using a novel in situ sampling device. *Environmental Science & Technology* **37**, 1292-1299.

Meijer, S. N., Steinnes, E., Ockenden, W. A., and Jones, K. C. (2002): Influence of environmental variables on the spatial distribution of PCBs in Norwegian and UK soils: Implications for global cycling. *Environmental Science & Technology* **36**, 2146-2153.

Miglioranza, K. S. B., de Moreno, J. E. A., Moreno, V. J., Osterrieth, M. L., and Escalante, A. H. (1999): Fate of organochlorine pesticides in soils and terrestrial biota of "Los Padres" pond watershed, Argentina. *Environmental Pollution* **105**, 91-99.

Miller, C. T., and Pedit, J. A. (1992): Use of a Reactive Surface-Diffusion Model to Describe Apparent Sorption Desorption Hysteresis and Abiotic Degradation of Lindane in a Subsurface Material. *Environmental Science & Technology* **26**, 1417-1427.

Moody, R. P., and Nadeau, B. (1994): Nitrile Butyl Rubber Glove Permeation of Pesticide Formulations Containing 2,4-D-Amine, Ddt, Deet, and Diazinon. *Bulletin of Environmental Contamination and Toxicology* **52**, 125-130.

Nadeau, L. J., Menn, F. M., Breen, A., and Sayler, G. S. (1994): Aerobic Degradation of 1,1,1-Trichloro-2,2-Bis(4-Chlorophenyl)Ethane (Ddt) by Alcaligenes-Eutrophus A5. *Applied and Environmental Microbiology* **60**, 51-55.

Nakata, H., Kawazoe, M., Arizono, K., Abe, S., Kitano, T., Shimada, H., Li, W., and Ding, X. (2002): Organochlorine pesticides and polychlorinated biphenyl residues in foodstuffs and human tissues from China: Status of contamination, historical trend, and human dietary exposure. *Archives of Environmental Contamination and Toxicology* **43**, 473-480.

Nakata, H., Nasu, T., Abe, S., Kitano, T., Fan, Q. Y., Li, W. H., and Ding, X. C. (2005): Organochlorine contaminants in human adipose tissues from China: Mass balance approach for estimating historical Chinese exposure to DDTs. *Environmental Science & Technology* **39**, 4714-4720.

Nam, J. J., Sweetman, A. J., and Jones, K. C. (2009): Polynuclear aromatic hydrocarbons (PAHs) in global background soils. *Journal of Environmental Monitoring* **11**, 45-48.

Nam, J. J., Thomas, G. O., Jaward, F. M., Steinnes, E., Gustafsson, O., and Jones, K. C. (2008): PAHs in background soils from Western Europe: Influence of atmospheric deposition and soil organic matter. *Chemosphere* **70**, 1596-1602.

Nam, K., Chung, N., and Alexander, M. (1998): Relationship between organic matter content of soil and the sequestration of phenanthrene. *Environmental Science & Technology* **32**, 3785-3788.

Nash, R. G., and Woolson, E. A. (1967): Persistence of Chlorinated Hydrocarbon Insecticides in Soils. *Science* **157**, 924-&.

Oehme, M. (1991): Further Evidence for Long-Range Air Transport of Polychlorinated Aromates and Pesticides - North-America and Eurasia to the Arctic. *Ambio* **20**, 293-297.

Onsager, J. A., Rusk, H. W., and Butler, L. I. (1970): Residues of Aldrin, Dieldrin, Chlordane, and Ddt in Soil and Sugarbeets. *Journal of Economic Entomology* **63**, 1143-&.

Pan, B., Xing, B. S., Tao, S., Liu, W. X., Lin, X. M., Xiao, Y., Dai, H. C., Zhang, X. M., Zhang, Y. X., and Yuan, H. (2007): Effect of physical forms of soil organic matter on phenanthrene sorption. *Chemosphere* **68**, 1262-1269.

Peterson, J. R., Adams, R. S., and Cutkomp, L. K. (1971): Soil Properties Influencing Ddt Bioactivity. *Soil Science Society of America Proceedings* **35**, 72-&.

Pfaender, F. K., and Alexande.M (1972): Extensive Microbial Degradation of Ddt in-Vitro and Ddt Metabolism by Natural Communities. *Journal of Agricultural and Food Chemistry* **20**, 842-&.

Piao, X. Y., Wang, X. J., Tao, S., Shen, W. R., Qin, B. P., and Sun, R. (2004): Vertical Distribution of Organochlorine Pesticides in Farming Soils in Tianjin Area, China. *Research of Environmental Sciences* **17**, 26-29.

Pignatello, J. J. (1998): Soil organic matter as a nanoporous sorbent of organic pollutants. *Advances in Colloid and Interface Science* **76**, 445-467.

Pignatello, J. J., and Xing, B. S. (1996): Mechanisms of slow sorption of organic chemicals to natural particles. *Environmental Science & Technology* **30**, 1-11.

Qiu, L. M., Zhang, J. Y., and Luo, Y. M. (2005a): Residues of HCH and DDT in Agricultural Soils of North of Zhejiang and its Risk Evaluation. *Journal of*

Agro-Environment Science **24**, 1161-1165.

Qiu, X. H., Zhu, T., Jing, L., Pan, H. S., Li, Q. L., Miao, G. F., and Gong, J. C. (2004): Organochlorine pesticides in the air around the Taihu Lake, China. *Environmental Science & Technology* **38**, 1368-1374.

Qiu, X. H., Zhu, T., Yao, B., Hu, J. X., and Hu, S. W. (2005b): Contribution of dicofol to the current DDT pollution in China. *Environmental Science & Technology* **39**, 4385-4390.

Reid, B. J., Jones, K. C., and Semple, K. T. (2000): Bioavailability of persistent organic pollutants in soils and sediments - a perspective on mechanisms, consequences and assessment. *Environmental Pollution* **108**, 103-112.

Ribes, A., Grimalt, J. O., Garcia, C. J. T., and Cuevas, E. (2002): Temperature and organic matter dependence of the distribution of organochlorine compounds in mountain soils from the subtropical Atlantic (Teide, Tenerife Island). *Environmental Science & Technology* **36**, 1879-1885.

Robertson, B. K., and Alexander, M. (1998): Sequestration of DDT and dieldrin in soil: Disappearance of acute toxicity but not the compounds. *Environmental Toxicology and Chemistry* **17**, 1034-1038.

Ross, G. (2004): The public health implications of polychlorinated biphenyls (PCBs) in the environment. *Ecotoxicology and Environmental Safety* **59**, 275-291.

Satpathy, S. N., Rath, A. K., Mishra, S. R., Kumaraswamy, S., Ramakrishnan, B., Adhya, T. K., and Sethunathan, N. (1997): Effect of hexachlorocyclohexane on methane production and emission from flooded rice soil. *Chemosphere* **34**, 2663-2671.

Scholtz, M. T., and Bidleman, T. F. (2007): Modelling of the long-term fate of pesticide residues in agricultural soils and their surface exchange with the atmosphere: Part II. Projected long-term fate of pesticide residues. *Science of the Total Environment* **377**, 61-80.

Schwarzenbach, R. P., and Westall, J. (1981): Transport of Non-Polar Organic-Compounds from Surface-Water to Groundwater - Laboratory Sorption Studies. *Environmental Science & Technology* **15**, 1360-1367.

Semple, K. T., Morriss, A. W. J., and Paton, G. I. (2003): Bioavailability of hydrophobic organic contaminants in soils: fundamental concepts and techniques for analysis. *European Journal of Soil Science* **54**, 809-818.

Senesi, N., and Loffredo, E. (2008): The Fate of Anthropogenic Organic Pollutants in Soil: Adsorption/Desorption of Pesticides Possessing Endocrine

Disruptor Activity by Natural Organic Matter (Humic Substances). *Revista De La Ciencia Del Suelo Y Nutricion Vegetal* **8**.

Senthilkumar, K., Kannan, K., Sinha, R. K., Tanabe, S., and Giesy, J. P. (1999): Bioaccumulation profiles of polychlorinated biphenyl congeners and organochlorine pesticides in Ganges river dolphins. *Environmental Toxicology and Chemistry* **18**, 1511-1520.

Sharma, S. K., Sadasivam, K. V., and Dave, J. M. (1987): Ddt Degradation by Bacteria from Activated-Sludge. *Environment International* **13**, 183-190.

Shen, H., Henkelmann, B., Levy, W., Zsolnay, A., Weiss, P., Jakobi, G., Kirchner, M., Moche, W., Braun, K., and Schramm, K. W. (2009): Altitudinal and Chiral Signature of Persistent Organochlorine Pesticides in Air, Soil, and Spruce Needles (Picea abies) of the Alps. *Environmental Science & Technology* **43**, 2450-2455.

Shi, Y. J., Guo, F. F., Meng, F. Q., Lu, Y. L., Wang, T. Y., and Zhang, H. (2005): Temporal Trend of Organic Chlorinated Pesticides Residues in Soils of Orchard, Beijing, China. *Acta Scientiae Circumstantiae* **25**, 313-318.

Snedeker, S. M. (2001): Pesticides and breast cancer risk: A review of DDT, DDE, and dieldrin. *Environmental Health Perspectives* **109**, 35-47.

Spencer, W. F., Singh, G., Taylor, C. D., LeMert, R. A., Cliath, M. M., and Farmer, W. J. (1996): DDT persistence and volatility as affected by management practices after 23 years. *Journal of Environmental Quality* **25**, 815-821.

Strand, A., and Hov, O. (1996): A model strategy for the simulation of chlorinated hydrocarbon distributions in the global environment. *Water Air and Soil Pollution* **86**, 283-316.

Strandberg, B., Bandh, C., van Bavel, B., Bergqvist, P. A., Broman, D., Naf, C., Pettersen, H., and Rappe, C. (1998): Concentrations, biomagnification and spatial variation of organochlorine compounds in a pelagic food web in the northern part of the Baltic Sea. *Science of the Total Environment* **217**, 143-154.

Su, Y. S., Hung, H. L., Blanchard, P., Patton, G. W., Kallenborn, R., Konoplev, A., Fellin, P., Li, H., Geen, C., Stern, G., Rosenberg, B., and Barrie, L. A. (2008): A circumpolar perspective of atmospheric organochlorine pesticides (OCPs): Results from six Arctic monitoring stations in 2000-2003. *Atmospheric Environment* **42**, 4682-4698.

Su, Y. S., Lei, Y. D., Daly, G. L., and Wania, F. (2002): Determination of octanol-air partition coefficient (K-OA) values for chlorobenzenes and polychlorinated naphthalenes from gas chromatographic retention times. *Journal of Chemical and Engineering Data* **47**, 449-455.

Subbarao, R. V., and Alexander, M. (1985): Bacterial and Fungal Co-Metabolism of 1,1,1-Trichloro-2,2-Bis(4-Chlorophenyl)Ethane (Ddt) and Its Breakdown Products. *Applied and Environmental Microbiology* **49**, 509-516.

Tabucanon, M. S., Watanabe, S., Siriwong, C., Boonyatumanond, R., Tanabe, S., Iwata, H., Tatsukawa, R., and Ohgaki, S. (1992): Current Status of Contamination by Persistent Organochlorines in the Lower Chao-Phraya River, Thailand. *Water Science and Technology* **25**, 17-24.

Takei, G. H., Kauahikaua, S. M., and Leong, G. H. (1983): Analyses of Human-Milk Samples Collected in Hawaii for Residues of Organochlorine Pesticides and Polychlorobiphenyls. *Bulletin of Environmental Contamination and Toxicology* **30**, 606-613.

Tanabe, S., Falandysz, J., Higaki, T., Kannan, K., and Tatsukawa, R. (1993): Polychlorinated Biphenyl and Organochlorine Insecticide Residues in Human Adipose-Tissue in Poland. *Environmental Pollution* **79**, 45-49.

Tao, S., Cao, H. Y., Liu, W. X., Li, B. G., Cao, J., Xu, F. L., Wang, X. J., Coveney, R. M., Shen, W. R., Qin, B. P., and Sun, R. (2003): Fate modeling of phenanthrene with regional variation in Tianjin, China. *Environmental Science & Technology* **37**, 2453-2459.

Tao, S., Xu, F. L., Wang, X. J., Liu, W. X., Gong, Z. M., Fang, J. Y., Zhu, L. Z., and Luo, Y. M. (2005): Organochlorine pesticides in agricultural soil and vegetables from Tianjin, China. *Environmental Science & Technology* **39**, 2494-2499.

Tao, S., Yang, Y., Cao, H. Y., Liu, W. X., Coveney, R. M., Xu, F. L., Cao, J., Li, B. G., Wang, X. J., Hu, J. Y., and Fang, J. Y. (2006): Modeling the dynamic changes in concentrations of gamma-hexachlorocyclohexane (gamma-HCH) in Tianjin region from 1953 to 2020. *Environmental Pollution* **139**, 183-193.

Tavares, T. M., Beretta, M., and Costa, M. C. (1999): Ratio of DDT/DDE in the All Saints Bay, Brazil and its use in environmental management. *Chemosphere* **38**, 1445-1452.

Ter Laak, T. L., Barendregt, A., and Hermens, J. L. M. (2006): Freely dissolved pore water concentrations and sorption coefficients of PAHs in spiked aged, and field-contaminated soils. *Environmental Science & Technology* **40**, 2184-2190.

Toan, V. D., Thao, V. D., Walder, J., and Ha, C. T. (2009): Residue, Temporal

Trend and Half-Life Time of Selected Organochlorine Pesticides (OCPs) in Surface Soils from Bacninh, Vietnam. *Bulletin of Environmental Contamination and Toxicology* **82**, 516-521.

Turusov, V., Rakitsky, V., and Tomatis, L. (2002): Dichlorodiphenyltrichloroethane (DDT): Ubiquity, persistence, and risks. *Environmental Health Perspectives* **110**, 125-128.

Vanderford, B. J., Pearson, R. A., Rexing, D. J., and Snyder, S. A. (2003): Analysis of endocrine disruptors, pharmaceuticals, and personal care products in water using liquid chromatography/tandem mass spectrometry. *Analytical Chemistry* **75**, 6265-6274.

VanderOost, R., Opperhuizen, A., Satumalay, K., Heida, H., and Vermeulen, N. P. E. (1996): Biomonitoring aquatic pollution with feral eel (Anguilla anguilla) .1. Bioaccumulation: Biota-sediment ratios of PCBs, OCPs, PCDDs and PCDFs. *Aquatic Toxicology* **35**, 21-46.

Voldner, E. C., and Li, Y. F. (1995): Global Usage of Selected Persistent Organochlorines. *Science of the Total Environment* **160-61**, 201-210.

Wan, D. J., and Jia, X. S. (2005): Characterization and Distribution of Polychlorinated Organic Pollutants in Soils with some Areas of Pearl River Delta as an Example. *Acta Scientiae Circumstantiae* **25**, 1078-1084.

Wang, F., Bian, Y. R., Jiang, X., Gao, H. J., Yu, G. F., and Deng, J. C. (2006a): Residual Characteristics of Organochlorine Pesticides in Lou Soils with Different Fertilization Modes. *Pedosphere* **16**, 161-168.

Wang, T. Y., Lu, Y. L., Luo, W., and Shi, Y. J. (2006b): Heavy Metal and Pesticide Residues in Soils Around the Guanting Reservoir and Environmental Risk Assessment. *Journal of Ecology and Rural Environment* **22**, 57-61.

Wang, T. Y., Lu, Y. L., Shi, Y. J., Giesy, J. P., and Luo, W. (2007): Organochlorine pesticides in soils around guanting reservoir, China. *Environmental Geochemistry and Health* **29**, 491-501.

Wang, X., Chi, J., Xu, L., and Chen, C. (2006c): Survey and Evaluation of Pollutants in 6 Typically Agricultral Soils. *Journal of Agro-Environment Science* **25**, 21-25.

Wang, X. F., Wang, D. Z., Qin, X. F., and Xu, X. B. (2008): Residues of organochlorine pesticides in surface soils from college school yards in Beijing, China. *Journal of Environmental Sciences-China* **20**, 1090-1096.

Wang, X. J., Piao, X. Y., Chen, J., Hu, J. D., Xu, F. L., and Tao, S. (2006d):

Organochlorine pesticides in soil profiles from Tianjin, China. *Chemosphere* **64**, 1514-1520.

Wania, F., and Mackay, D. (1996): Tracking the distribution of persistent organic pollutants. *Environmental Science & Technology* **30**, A390-A396.

Wania, F., and Mackay, D. (1999a): The evolution of mass balance models of persistent organic pollutant fate in the environment. *Environmental Pollution* **100**, 223-240.

Wania, F., and Mackay, D. (1999b): Global chemical fate of alpha-hexachlorocyclohexane. 2. Use of a global distribution model for mass balancing, source apportionment, and trend prediction. *Environmental Toxicology and Chemistry* **18**, 1400-1407.

Wania, F., Mackay, D., Li, Y. F., Bidleman, T. F., and Strand, A. (1999): Global chemical fate of alpha-hexachlorocyclohexane. 1. Evaluation of a global distribution model. *Environmental Toxicology and Chemistry* **18**, 1390-1399.

Wania, I. R., Lei, Y. D., and Harner, T. (2002): Estimating octanol-air partition coefficients of nonpolar semivolatile organic compounds from gas chromatographic retention times. *Analytical Chemistry* **74**, 3476-3483.

Wattiau, P., Springael, D., Agathos, S. N., and Wuertz, S. (2002): Use of the pAL5000 replicon in PAH-degrading mycobacteria: application for strain labelling and promoter probing. *Applied Microbiology and Biotechnology* **59**, 700-705.

Wedemeye.G (1966): Dechlorination of Ddt by Aerobacter Aerogenes. *Science* **152**, 647-&.

Wild, S. R., and Jones, K. C. (1995): Polynuclear Aromatic-Hydrocarbons in the United-Kingdom Environment - a Preliminary Source Inventory and Budget. *Environmental Pollution* **88**, 91-108.

Willett, K. L., Ulrich, E. M., and Hites, R. A. (1998): Differential toxicity and environmental fates of hexachlorocyclohexane isomers. *Environmental Science & Technology* **32**, 2197-2207.

Wong, F., Alegria, H. A., Jantunen, L. M., Bidleman, T. F., Salvador-Figueroae, M., Gold-Bouchot, G., Ceja-Moreno, V., Waliszewski, S. M., and Infanzon, R. (2008): Organochlorine pesticides in soils and air of southern Mexico: Chemical profiles and potential for soil emissions. *Atmospheric Environment* **42**, 7737-7745.

Wu, J. H., Xu, X. H., Chen, B., Ji, C. L., Zou, F. Z., Ji, Y. M., Wang, H. H., Gao, Q., Zhou, J., and Shao, J. S. (2003): Environmental Quality Assessment of Farmland in Central Jiangsu and its Application - A case study of Hai'an. *Soils* **35**,

387-391.

Xia, G. S., and Ball, W. P. (1999): Adsorption-partitioning uptake of nine low-polarity organic chemicals on a natural sorbent. *Environmental Science & Technology* **33**, 262-269.

Xia, G. S., and Pignatello, J. J. (2001): Detailed sorption isotherms of polar and apolar compounds in a high-organic soil. *Environmental Science & Technology* **35**, 84-94.

Xing, B. S. (2001a): Sorption of anthropogenic organic compounds by soil organic matter: a mechanistic consideration. *Canadian Journal of Soil Science* **81**, 317-323.

Xing, B. S. (2001b): Sorption of naphthalene and phenanthrene by soil humic acids. *Environmental Pollution* **111**, 303-309.

Xing, B. S., and Pignatello, J. J. (1996): Time-dependent isotherm shape of organic compounds in soil organic matter: Implications for sorption mechanism. *Environmental Toxicology and Chemistry* **15**, 1282-1288.

Xing, B. S., and Pignatello, J. J. (1997a): Competitive sorption of 2,4-dichlorophenol and 1,3-dichlorobenzene with natural aromatic acids in soils. *Abstracts of Papers of the American Chemical Society* **214**, 76-Envr.

Xing, B. S., and Pignatello, J. J. (1997b): Dual-mode sorption of low-polarity compounds in glassy poly(vinyl chloride) and soil organic matter. *Environmental Science & Technology* **31**, 792-799.

Xing, B. S., and Pignatello, J. J. (1998): Competitive sorption between 1,3-dichlorobenzene or 2,4-dichlorophenol and natural aromatic acids in soil organic matter. *Environmental Science & Technology* **32**, 614-619.

Xing, B. S., Pignatello, J. J., and Gigliotti, B. (1996): Competitive sorption between atrazine and other organic compounds in soils and model sorbents. *Environmental Science & Technology* **30**, 2432-2440.

Yang, R. Q., Lv, A. H., Shi, J. B., and Jiang, G. B. (2005): The levels and distribution of organochlorine pesticides (OCPs) in sediments from the Haihe River, China. *Chemosphere* **61**, 347-354.

Yu, Y. X., Tao, S., Liu, W. X., Lu, X. X., Wang, X. J., and Wong, M. H. (2009): Dietary Intake and Human Milk Residues of Hexachlorocyclohexane Isomers in Two Chinese Cities. *Environmental Science & Technology* **43**, 4830-4835.

Yuan, G. S., and Xing, B. S. (2001): Effects of metal cations on sorption and desorption of organic compounds in humic acids. *Soil Science* **166**, 107-115.

Yue, Y. D., Hua, R. M., Zhu, L. Z., Zhu, S. W., and Chen, D. D. (1990): Residual Form and Level of BHC and DDT in Agroenvironment of Anhui, China. *Journal of Anhui Agricultural College* **17**, 194-197.

Zhang, H., Lu, Y. L., Dawson, R. W., Shi, Y. J., and Wang, T. Y. (2005a): Classification and Ordination of DDT and HCH in Soil Samples from the Guanting Reservoir, China. *Chemosphere* **60**, 762-769.

Zhang, H., Lu, Y. L., Wang, T. Y., and Shi, Y. J. (2004a): Accumulation features of organochlorine pesticides residues in soils around Beijing Guanting reservoir. *Bulletin of Environmental Contamination and Toxicology* **72**, 954-961.

Zhang, H., Luo, Y., Zhao, Q., Zhang, G., and Wong, M. (2006a): Hong Kong Soil Researches Ⅳ. Contents and Compositions of Organochlorines in Soil. *Acta Pedologica Sinica* **43**, 220-225.

Zhang, H., Wang, T. Y., Lu, Y. L., and Shi, Y. J. (2004b): Distribution of Organochlorine Pesticide Residues in Soils in Guanting Reservoir, China. *Acta Scientiae Circumstantiae* **24**, 550-554.

Zhang, H. S., Wang, Z. P., Lu, B., Zhu, C., Wu, G. H., and Vetter, W. (2007): Occurrence of organochlorine pollutants in the eggs and dropping-amended soil of Antarctic large animals and its ecological significance. *Science in China Series D-Earth Sciences* **50**, 1086-1096.

Zhang, H. Y., Gao, R. T., Jiang, S. R., and Huang, Y. F. (2006b): Spatial Variability of Organochlorine Pesticides (DDTs and HCHs) in Surface Soils of Farmland in Beijing, China. *Scientia Agricultura Sinica* **39**, 1403-1410.

Zhang, N., Yang, Y., Liu, Y., and Tao, S. (2009): Determination of octanol-air partition coefficients and supercooled liquid vapor pressures of organochlorine pesticides. *Journal of Environmental Science & Health, Part B -- Pesticides, Food Contaminants, & Agricultural Wastes* **44**, 649-656.

Zhang, T. B., Rao, Y., Wan, H. F., Yang, G. Y., and Xia, Y. S. (2005b): Content and Compositions of Organochlorinated Pesticides in Soil of Dongguan City, China. *China Environmental Science* **25**, 89-93.

Zhao, B. Z., Zhang, J. B., Zhou, L. Y., Zhu, A. N., Xia, M., and Lu, X. (2005a): Residue of HCH and DDT in Typical Agricultural Soils of Huanghuaihai Plain, China I. Residues in Surface Soils and Their Isomeric Composition. *Acta Pedologica Sinica* **42**, 761-768.

Zhao, B. Z., Zhang, J. B., Zhu, A. N., Xia, M., Lu, X., and Jiang, Q. (2005b): Residues of HCH and DDT in Typical Agricultural Soils of Huanghuaihai Plain,

China II. Spatial Variability and Vertical Distribution of HCH and DDT. *Acta Pedologica Sinica* **42**, 916-922.

Zhao, G. F., Xu, Y., Li, W., Han, G. G., and Ling, B. (2007): PCBs and OCPs in human milk and selected foods from Luqiao and Pingqiao in Zhejiang, China. *Science of the Total Environment* **378**, 281-292.

Zhao, X. J., Lu, H., Luo, H. X., Li, R. A., and Zhu, Y. G. (2006): Study on Residual Organochlorined Pesticides of Cultivated Soils in Cixi City, Zhejiang, China. *Journal of Ningbo University (NSEE)* **19**, 98-100.

Zheng, X. Y., Liu, X. D., Liu, W. J., Jiang, G. B., and Yang, R. Q. (2009): Concentrations and source identification of organochlorine pesticides (OCPs) in soils from Wolong Natural Reserve. *Chinese Science Bulletin* **54**, 743-751.

Zhong, X., Su, L. Z., and Yu, F. L. (1996): The Pesticide Residues in Farmland Soils of Shenyang. *Rural Eco-Environment* **12**, 58-60.

Zhou, H. Y., Cheung, R. Y. H., and Wong, M. H. (1999): Bioaccumulation of organochlorines in freshwater fish with different feeding modes cultured in treated wastewater. *Water Research* **33**, 2747-2756.

Zhou, R. B., Zhu, L. Z., Yang, K., and Chen, Y. Y. (2006): Distribution of organochlorine pesticides in surface water and sediments from Qiantang River, East China. *Journal of Hazardous Materials* **137**, 68-75.

Zhu, Y. F., Liu, H., Xi, Z. Q., Cheng, H. X., and Xu, X. B. (2005): Organochlorine pesticides (DDTs and HCHs) in soils from the outskirts of Beijing, China. *Chemosphere* **60**, 770-778.